CHIMIE

DES DEMOISELLES

10184. — IMPRIMERIE GÉNÉRALE DE CH. LAHURE
Rue de Fleurus, 9, à Paris

CHIMIE

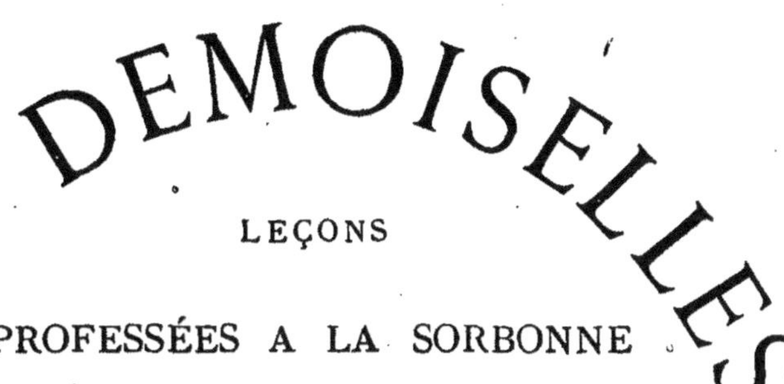

LEÇONS

PROFESSÉES A LA SORBONNE

PAR MM.

CAHOURS & RICHE

MEMBRE DE L'INSTITUT PROFESSEUR AGRÉGÉ

ILLUSTRATIONS PAR DULOS

PARIS
BIBLIOTHÈQUE
D'ÉDUCATION ET DE RÉCRÉATION
J. HETZEL ET Cie, 18, RUE JACOB

PRÉFACE.

L'ouvrage que nous avons l'honneur de soumettre au jugement du public est la reproduction fidèle des leçons que nous avons professées à la Sorbonne pour l'enseignement secondaire des filles. Nous eussions préféré lui donner un titre en apparence moins exclusif que celui qu'il porte, mais notre éditeur ayant pensé que ce dernier donnait une idée plus juste de son but, nous avons cru devoir l'adopter au moins pour cette première édition.

Ce livre ne saurait être considéré comme un traité de chimie ; il faut l'envisager comme une suite raisonnée d'entretiens sur les métalloïdes ainsi que sur les composés de ces corps qui jouent un rôle important dans l'économie de la nature ou qui ont reçu des applications utiles dans la vie domestique et dans les arts. C'est pourquoi nous avons évité, sauf en ce qui concerne l'air et l'eau, d'entrer dans le détail des procédés employés pour déterminer leur composition, et c'est par une raison toute semblable que nous avons cru devoir passer rapidement sur leurs caractères purement scientifiques.

Nous nous sommes principalement attachés à décrire les substances qui interviennent dans les phénomènes de la combustion et de la vie; mais si nous avions donné relativement à l'histoire de l'air, de l'eau, de l'oxygène, du carbone et de ses combinaisons, le développement que ces matières comportent, ce volume eût à peine suffi. Notre but en entreprenant ce cours, et en écrivant ce livre qui le reproduit, était de donner aux jeunes filles des notions précises qui, tout en fixant dans leur esprit le rôle des substances dont nous nous proposions de les entretenir, les missent à même de bien comprendre ce que nous aurons à leur dire plus tard relativement à l'histoire des métaux les plus usuels et des composés les plus importants du monde organique.

En acceptant cette tâche nous ne nous sommes pas dissimulé les difficultés qu'elle présentait en raison des limites très-étroites dans lesquelles il nous était donné de nous mouvoir. Si ce livre auquel nous avons donné tous nos soins peut donner aux personnes qui le liront le goût d'étudier une science qui depuis un siècle a rendu tant de services et concouru si puissamment au développement des arts industriels, nous regarderons notre but comme suffisamment atteint.

Ce 1er novembre 1868.

AUG. CAHOURS. ALFRED RICHE.

CHIMIE

DES DEMOISELLES.

PREMIÈRE LEÇON.

AIR ATMOSPHÉRIQUE.

Démonstration de la pesanteur de l'air. Expérience d'Otto de Guericke. Hémisphères de Magdebourg. — Expériences de Torricelli, de Pascal et de Périer. Force élastique de l'air. L'air est le véhicule du son. Grâce à l'atmosphère nous ne passons pas subitement du jour à la nuit et de la nuit au jour. C'est également à son intervention que nous devons la conservation de la lumière et de la chaleur solaires à la surface de la terre. — Composition de l'air. Constatation de la présence de l'oxygène et de l'azote. Évaluation de ces gaz en volumes. L'air renferme en outre de l'acide carbonique et de la vapeur aqueuse en quantités très-faibles, et en proportions encore bien plus minimes, de l'ammoniaque, de l'acide sulfhydrique et du gaz hydrocarbonés. — Présence de germes de végétaux et d'animaux inférieurs dans l'atmosphère. — On ne saurait constater dans l'espace d'un siècle de variation dans la composition de l'air. Calculs établis par M. Dumas à ce sujet. — L'atmosphère forme une sorte de trait d'union entre le règne végétal et le règne animal. L'air n'est qu'un mélange.

Nous commencerons ce cours auquel nous ne pouvons donner que très-peu de développements, par l'étude de l'air, en raison du rôle considérable que joue ce fluide dans l'économie de la nature et les applications de l'industrie.

C'est en effet au sein de l'air, réceptacle de tous les corps qui sont susceptibles d'affecter l'état gazeux, à la température et à la pression qui existent à la surface de la terre, que se développent tous les êtres organisés. C'est au milieu de ce fluide que s'accomplissent les divers phénomènes de combustion que nous utilisons avec tant de profit pour les besoins des arts et de l'économie domestique.

Cette masse gazeuse qui environne la terre de toutes parts, forme autour d'elle une enveloppe sphérique; de là son nom *d'atmosphère*. Selon toute probabilité, la plupart des corps célestes possèdent des atmosphères à la manière de notre planète.

Bien que cet air doive, comme on le pressent, posséder une composition très-complexe, il fut considéré par Aristote comme un élément. Bon nombre de philosophes de l'antiquité l'envisagèrent même comme un être immatériel qu'ils assimilèrent à l'âme humaine. On a peine à concevoir comment une pareille erreur put se propager d'âge en âge, lorsqu'on songe aux effets légers ou terribles qui résultent de l'agitation de l'air. Il n'y a cependant pas beaucoup plus de deux siècles qu'on a prouvé d'une manière irréfutable que l'air était pesant. La démonstration en est facile à donner.

Qu'on fasse le vide dans un grand ballon de verre (fig. 1), muni d'une armature métallique qui permet de le mettre en communication avec une machine pneumatique, puis qu'en cet état on le suspende à l'un des plateaux d'une balance, des poids ayant été disposés dans le second de manière à l'équilibrer rigoureusement. Si nous ouvrons maintenant le robinet qui ferme ce ballon, nous entendrons immédiatement un sifflement causé par la rentrée subite de l'air, en

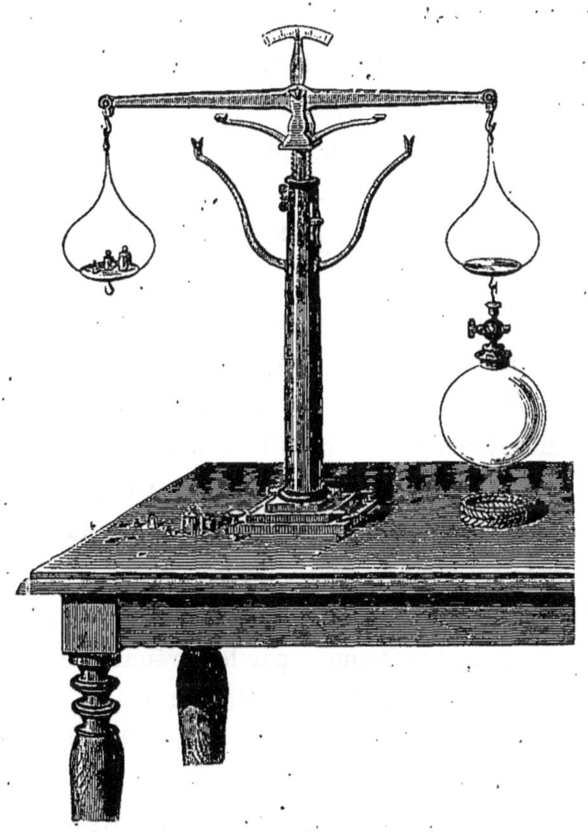

Fig. 1.

même temps que nous verrons le fléau de la balance s'infléchir du côté du ballon. Ce dernier possède-t-il une capacité de 10 litres, il faudra très-sensiblement ajouter 13 grammes dans le second plateau, pour que le fléau redevienne horizontal. Cette expérience fort simple établit d'une façon incontestable que l'air est pesant.

Si nous la répétons avec le même ballon, sur les flancs d'une montagne à différentes hauteurs, et finalement à son sommet, nous observons que le poids employé pour rétablir l'équilibre après chacune de ces expériences, sera d'autant plus faible que celle-ci aura été exécutée à une hauteur plus considérable.

L'air est donc formé de couches superposées dont la densité décroît à mesure qu'on s'éloigne de la surface de la terre, et finit par devenir sensiblement nulle à une hauteur d'environ 64 kilomètres.

Chacune de ces couches presse sur celle qui est située au-dessous, et la somme de ces pressions, qui représente la pression totale exercée à la surface de la terre, est très-considérable, ainsi qu'on peut le mettre en évidence au moyen de la célèbre expérience d'Otto de Guericke, connue sous le nom d'expérience des hémisphères de Magdebourg, du nom de la ville où elle fut exécutée.

Il prit deux hémisphères creux en cuivre se juxtaposant exactement (fig. 2) et formant par leur réunion une sphère creuse, qu'il purgea complétement de l'air qu'elle renfermait au moyen de la machine pneumatique. Le robinet qui met la sphère creuse en communication avec cette machine étant fermé, la pression de l'air extérieur maintient les deux parties qui la forment si fortement appliquées l'une contre l'autre, qu'Otto de Guericke, dans une expérience où la base des hémisphères était de quelques décimètres carrés seulement; ne put parvenir à en opérer la séparation sous l'effort puissant de huit forts chevaux attelés quatre d'un côté et quatre de l'autre. Ouvre-t-on maintenant le robinet pour permettre à l'air de rentrer, il suffira du moindre effort pour opérer la séparation des deux hémisphères. Ainsi, l'air exerce à la surface de la terre une pression considérable. A cette importante découverte s'en rattache une seconde, qui fut féconde en conséquences.

Le grand-duc de Toscane eut la fantaisie toute princière de faire arriver l'eau jusque dans les étages supérieurs de son palais. A cet effet, il manda des ingénieurs et des fon-

Fig. 2.

tainiers, qui reçurent l'ordre d'installer des pompes capables d'élever l'eau jusqu'au sommet de l'édifice et de la distribuer dans ses différentes parties. Ils établirent donc des pompes dont le pied baignait dans un réservoir inférieur, tandis que l'autre extrémité venait atteindre le faîte du palais. Les ouvriers ayant fait jouer les pompes, quelle ne fut pas la surprise générale lorsqu'on vit l'eau ne pouvoir dépasser la hauteur de 32 pieds. Jusqu'alors on n'avait pas construit d'appareils de semblables dimensions et l'on attribuait l'ascension de l'eau dans les pompes ordinaires à l'horreur de la nature pour le vide. Quel ne fut donc pas l'étonnement des ingénieurs et des savants, lorsqu'on vit la nature se départir de cette propriété.

Galilée, le plus grand génie de ce temps, consulté par le grand-duc, ne sut donner d'autre explication que la suivante, qui n'en est pas une en réalité. « L'eau est pesante, répondit-il, et c'est son poids qui s'oppose à ce qu'elle puisse monter davantage. »

Cette réponse, à laquelle le grand-duc ne trouva pas de réplique, fut loin de satisfaire un jeune physicien, natif de Faenza, nommé Torricelli, qui suivait alors à Rome les leçons de Castelli. Ce jeune homme eut un éclair de génie. « Si, dit-il, l'eau s'élève dans les tuyaux au-dessus du réservoir, c'est parce que l'air presse sur elle et la force à se soulever à une hauteur qui lui fasse équilibre. Si l'eau s'élève à 32 pieds, c'est parce que la pression exercée par l'atmosphère équivaut à une colonne d'eau de 32 pieds. »

« Si, ajoute-t-il, c'est la colonne d'air qui soulève l'eau dans le vide, elle doit déterminer un phénomène semblable avec tous les autres liquides, la colonne soulevée devant être d'autant moins haute que le liquide sera plus lourd. Ainsi la densité du mercure étant 13 fois 1/2 plus grande que celle de l'eau, ce métal devra être soulevé à une hauteur 13 1/2 moindre, c'est-à-dire à 28 pouces ou 76 centimètres. »

Torricelli ayant rempli de mercure un tube long d'environ un mètre fermé à l'une de ses extrémités (fig. 3), et l'extrémité ouverte ayant été plongée dans un bain de mercure, la colonne mercurielle s'abaissa, oscilla pendant quelques instants et se fixa à une hauteur de 76 centimètres. Le baromètre fut dès lors inventé.

Cette expérience, fort remarquable, fût demeurée peut-tère au rang des curiosités de la science, si l'un des grands

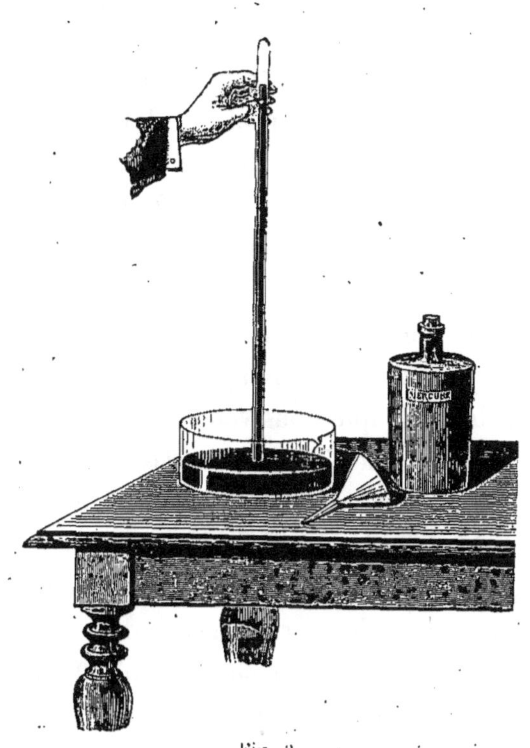

Fig. 3.

génies de cette époque, Blaise Pascal, ne se fût occupé de cette question. Il répéta l'expérience de Torricelli à la tour Saint-Jacques, au ras du sol et sur le sommet de l'édifice, et dans ces deux expériences, il constata des différences appréciables dans la hauteur de la colonne barométrique.

C'est afin de perpétuer ce souvenir que l'édilité parisienne a fait ériger la statue de ce grand homme sous le portique de la tour.

L'expérience précédente lui paraissant insuffisante, il écrivit à son beau-frère Périer, qui habitait Clermont-Ferrand, pour le prier de la répéter au pied du Puy-de-Dôme et à son sommet. Ce dernier ayant réalisé les instructions de Pascal, constata que tandis que dans le premier cas la colonne mercurielle s'élevait à 26 pouces 3 lignes, soit $0^m,729$, dans le second, elle ne s'élevait plus qu'à 23 pouces 2 lignes, soit $0^m,646$. L'expérience de Périer fut répétée depuis un grand nombre de fois, de diverses manières, et elle a toujours donné le même résultat. D'où l'on peut conclure que la densité de l'atmosphère diminue en raison inverse de la hauteur.

Partant des faits que nous venons de rappeler, rien ne devient plus facile que d'évaluer la pression atmosphérique en kilogrammes. Une colonne mercurielle de $0^m,76$ de hauteur et de 1 centimètre carré de base pèse $1^k,033$. Or, la surface du corps d'un homme de taille moyenne étant d'un mètre carré et demi, c'est-à-dire de 15 000 centimètres carrés, supporterait une charge de 15 500 kilogrammes.

On se demande tout d'abord comment nous pouvons supporter un tel poids sans être écrasés. A cela la réponse est facile. En effet, la pression de l'air n'agit pas seulement de haut en bas, mais encore de bas en haut, et aussi, latéralement; en un mot dans tous les sens. Les pressions étant proportionnelles aux hauteurs, celles qui agissent latéralement se neutralisent seules. Quant à celle qui s'exerce de bas en haut, étant supérieure à celle qui agit inversement, elle nous soulèverait et nous emporterait dans des couches d'air moins denses où, le poids de notre corps compensant l'effet de la poussée, nous demeurerions en équilibre sans pouvoir monter ni descendre. Il est donc tout naturel que, retenus au sol par l'effet de la pesanteur, poussés et pressés à la fois de toutes parts, nous ne nous apercevions pas de ces énormes pressions.

L'air, comme tous les gaz, possède une force élastique qu'on peut mettre en évidence au moyen d'une expérience très-simple. Qu'on introduise sous le récipient de la machine pneumatique une vessie dégonflée, puis qu'on fasse jouer les pistons, on la verra se gonfler progressivement, puis reprendre son état primitif, lorsqu'on aura fait rentrer de l'air sous le récipient de manière à le remplir.

L'air est en outre nécessaire à la propagation du son auquel il sert de véhicule.

Lorsque vous jetez une pierre dans une masse d'eau, ne voyez-vous pas se produire des ondes circulaires concentriques qui se formant autour du point où la pierre a frappé la surface de l'eau vont en s'élargissant de plus en plus ? C'est par un système d'ondes semblables, qu'on désigne alors sous le nom *d'ondes sonores*, que le son se propage à travers les divers milieux élastiques et par suite à travers l'air. Si par suite ce véhicule venait à disparaître, aucun son ne pourrait se produire ; si j'essayais de parler, vous verriez bien mes lèvres se mouvoir, mais aucun son ne parviendrait à votre oreille.

C'est donc à l'aide des vibrations de cet air, indispensable à la propagation du son, que l'artiste ou l'orateur nous tiennent comme suspendus à leurs lèvres, éveillant en nous les émotions les plus diverses.

On peut démontrer du reste que l'air, comme tous les gaz, est indispensable à la propagation du son au moyen de l'expérience suivante. On dispose sous le récipient de la machine pneumatique une sonnerie d'horlogerie qui, mise en mouvement, rend un son intense. Fait-on jouer les pistons, ce son s'affaiblit graduellement à mesure que l'air se raréfie et bientôt il n'est plus perceptible. Permet-on à l'air de rentrer, le son se fait entendre de nouveau, faible d'abord, de plus en plus saisissable et finalement aussi distinct qu'au commencement de l'expérience.

Les personnes qui ont voyagé dans les montagnes ont pu constater que le son de la voix y est plus faible que dans la plaine.

Si l'atmosphère disparaissait, nous passerions sans transition du jour le plus éclatant à la nuit la plus profonde. L'air possède, en effet, par rapport à la lumière, des propriétés précieuses. Il l'intercepte d'une manière sensible et la réfléchit à la manière des autres corps. Il forme autour de la terre comme une sorte de voile qui multiplie et propage la lumière du soleil par une infinité de répercussions. C'est grâce à l'atmosphère qui nous entoure que le jour nous apparaît faible d'abord, puis plus intense, avant que le soleil ne se montre à l'horizon. C'est pareillement à elle que nous devons de voir le jour décroître progressivement, alors que le soleil est déjà descendu au-dessous de l'horizon.

L'air qui nous paraît incolore, lorsque nous l'examinons sous de faibles épaisseurs, possède en réalité une couleur qui lui est propre. Si nous regardons en effet des couches profondes d'air, celui-ci nous apparaît avec une belle couleur azurée qui repose les yeux. A mesure qu'on s'élève dans l'atmosphère, cette couleur se fonce de plus en plus. Tous les aéronautes ont en effet constaté qu'à de grandes hauteurs le ciel paraissait d'un bleu presque noir.

Cet écran formé par l'air autour de la terre s'oppose encore à la déperdition de chaleur qui se produirait infailliblement par suite du rayonnement vers les espaces célestes. C'est donc à l'existence de notre atmosphère que nous devons la conservation autour de nous de la lumière et de la chaleur solaires.

D'après des recherches récentes de John Tyndall, l'accroissement du pouvoir absorbant de l'atmosphère par rapport à la chaleur dans les couches les plus rapprochées du sol, tiendrait particulièrement à la présence de la vapeur d'eau dans ces couches, cette vapeur absorbant, ainsi que l'a constaté ce célèbre physicien, une quantité de chaleur de beaucoup supérieure à tous les autres gaz. L'oxygène et l'azote qui forment la masse de notre atmosphère n'absorbent pas beaucoup plus les rayons calorifiques que le vide absolu, tandis que la vapeur aqueuse, à l'instar d'une digue, oppose une grande résistance au passage du calorique.

L'air, en raison de sa diathermanéité, ne s'échauffant pas directement par le passage des rayons solaires, mais indirectement, par la réverbération du sol, on s'explique parfaitement l'abaissement de température qu'on observe lorsqu'on s'élève dans l'atmosphère, ainsi que la perpétuité des glaces et des neiges sur les cimes des hautes montagnes, alors même que celles-ci sont situées dans les régions équatoriales.

L'air dont nous venons d'examiner les principales propriétés physiques est essentiellement formé de deux gaz. Le premier qui joue un rôle considérable dans l'économie de la nature, car il est à la fois l'aliment du feu et l'aliment de la vie, forme environ le cinquième du volume de l'atmosphère. Ce gaz, qui n'est autre que l'oxygène; avait été désigné par les anciens chimistes, dans leur style imagé, sous le nom d'*air du feu*, d'*air de la vie*.

Le second qui forme à peu près les quatre cinquièmes du volume de l'atmosphère et qui n'entretient ni la combustion ni la vie, que pour cette raison on a désigné sous le nom d'*azote*, tempère par son inactivité l'ardeur du premier.

Si l'on introduit successivement une allumette enflammée dans trois éprouvettes remplies, la première d'air, la seconde d'oxygène et la troisième d'azote, on la voit brûler tranquillement dans la première, avec une énergie des plus grandes dans la seconde, et s'éteindre dans la troisième. Si l'on mêle 200 centimètres cubes d'oxygène pur à 800 centimètres cubes d'azote également pur on obtient un litre d'un fluide qui jouit de toutes les propriétés de l'air normal.

John Mayow pressentit, plutôt qu'il ne le démontra, vers l'année 1674, que l'air était un mélange d'une matière éminemment propre à entretenir la combustion et la vie, et d'une autre entièrement incapable de produire ces phénomènes, celle-ci tempérant les effets de la première.

Ce ne fut qu'un siècle plus tard, en l'année 1774, que les pressentiments de John Mayow furent changés en certitude par la mémorable expérience de Lavoisier.

La méthode dont ce savant fit usage repose sur la propriété dont jouit le mercure de fixer l'oxygène de l'air à une température voisine de celle de son ébullition, puis d'abandonner ce gaz dès qu'on dépasse cette température. L'expérience fut exécutée par Lavoisier dans un appareil connu sous le nom d'enfer de Boyle (fig. 4), qui consiste

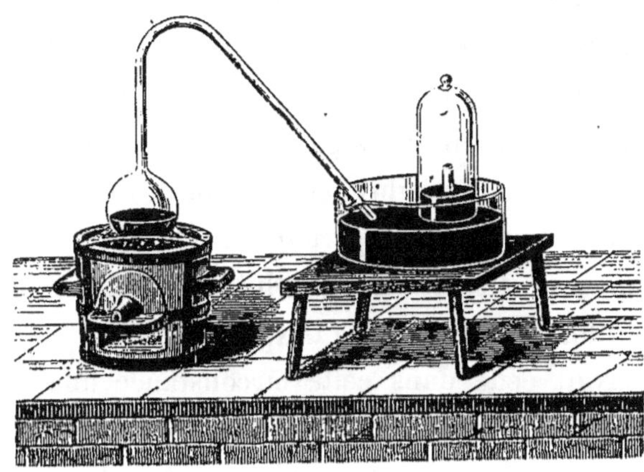

Fig. 4.

en un matras dont le col est doublement recourbé, de telle sorte que la branche ouverte puisse parvenir au sommet d'une cloche disposée sur le mercure.

Quatre onces de métal furent introduites dans le matras; puis, au moyen d'un siphon, on fit sortir une portion de l'air contenu dans la cloche; on eut soin de noter ensuite la hauteur à laquelle s'élevait le mercure dans cette dernière, la température et la pression.

Tout étant ainsi disposé, le mercure fut maintenu à une température voisine de l'ébullition, pendant dix à douze jours, presque continuellement. Le premier jour on n'observa rien de particulier, le second on vit nager à la surface du métal de petites parcelles rouges, qui pendant sept à huit jours augmentèrent en nombre et en volume, et dont, à partir de cette époque, la proportion ne parut pas s'accroître sensiblement. On mit fin à l'expérience au bout de ce terme, et l'on constata que l'air contenu dans l'appareil avait diminué d'une manière très-appréciable.

D'un autre côté, la substance rouge fut rassemblée, puis chauffée dans une petite cornue de verre, munie d'un tube propre à recueillir les gaz; elle se décomposa complétement au rouge sombre, et l'on obtint une quantité de gaz oxygène représentant parfaitement la différence entre le volume primitif de l'air et celui du gaz que renfermait l'appareil lorsqu'on mit fin à l'expérience.

L'air avait cédé dans cette circonstance une quantité d'oxygène égale au cinquième environ de son volume. Le gaz restant, qui formait un peu plus des $\frac{4}{5}$ de l'air employé, présentait toutes les propriétés de l'azote.

Néanmoins ce moyen, excellent pour reconnaître la nature des principes constituants de l'air, serait fort inexact pour en déterminer la proportion précise, l'affinité du mercure pour l'oxygène étant insuffisante pour en dépouiller complétement l'air sur lequel on opère.

Au moment où Lavoisier, par sa mémorable expérience, mettait hors de doute la véritable composition de l'air, et donnait la clef du phénomène de la combustion et de la respiration, Scheele, son digne émule, recherchait de son côté, dans son humble officine de Depping, la composition de l'air, se basant sur cette propriété des sulfures alcalins d'absorber une partie de l'air, en laissant un résidu considérable incapable de faire vivre les animaux, et d'entretenir la combustion des corps enflammés, il arrivait aux mêmes conclusions que le chimiste français.

Les méthodes de Lavoisier et de Scheele, si démonstratives en ce qui concerne la composition qualitative de l'air, comportent toutes deux des causes d'erreur; le mercure ne pouvant absorber les dernières traces d'oxygène, cet élément est nécessairement évalué trop bas, la dissolution de sulfures alcalins employée par Scheele dissolvant un peu d'azote en même temps qu'elles fixent de l'oxygène, le gaz est évalué trop haut. Si donc ces deux procédés établissent nettement que l'air est essentiellement formé de deux gaz, l'oxygène et l'azote, ils ne nous permettent pas d'en évaluer la proportion exacte.

On peut atteindre ce but en remplaçant le mercure par un corps plus avide d'oxygène, tel que le phosphore. L'opération peut s'exécuter soit au moyen de la combustion lente, soit à l'aide de la combustion vive. Dans le premier cas, on introduit dans un tube étroit et gradué disposé sur le mercure 100 parties d'air avec un bâton de phosphore assez long pour occuper toute la partie vide du tube, dont les parois ont été préalablement humectées d'eau. L'expérience est terminée lorsqu'en transportant l'appareil dans l'obscurité le phosphore ne paraît plus lumineux. En été, cette expérience dure quelques minutes; lorsque la température est basse, elle n'est quelquefois terminée qu'au bout de quelques heures. On obtient comme moyenne de plusieurs expériences 79 parties d'azote; les 100 parties d'air analysées renfermaient donc 21 parties d'oxygène.

Cette opération peut s'exécuter beaucoup plus rapidement en mettant à profit la combustion vive du phosphore. A cet effet, on introduit dans une cloche courbe (fig. 5)

Fig. 5.

remplie de mercure 100 parties d'air exactement mesurées, puis on fait pénétrer dans la courbure un fragment de phosphore; on chauffe ce corps au moyen de la flamme d'une lampe à alcool, doucement d'abord pour chasser la petite quantité d'eau qui existe dans la partie recourbée, puis vite et plus fortement après l'évaporation du liquide, afin de déterminer l'inflammation du phosphore; on voit alors se manifester une auréole verdâtre. En continuant à chauffer, cette auréole s'éloigne graduellement du sommet de la cloche, parcourt tout l'espace occupé par l'air, et finit par arriver à la surface du mercure, où elle s'éteint;

l'analyse est alors terminée. On peut remplacer dans cette expérience le mercure par l'eau.

On comprend la nécessité de chauffer fortement le phosphore après l'élimination de l'eau. Sans cette précaution, le phosphore se vaporiserait à son tour sans prendre feu, la cloche se remplirait alors d'un mélange d'azote, d'oxygène et de vapeur de phosphore. La température s'élevant bientôt au point convenable pour la combustion de ce corps, il pourrait y avoir une détonation qui briserait la cloche et projetterait au loin le phosphore enflammé. Cet inconvénient n'est jamais à redouter en se conformant à la marche indiquée.

Cette méthode, de même que la précédente, fournit comme moyenne de plusieurs expériences :

Oxygène	21
Azote	79
Air	100

Cette analyse peut s'effectuer enfin d'une manière commode et rapide en agitant dans une petite éprouvette graduée un volume déterminé d'air avec quelques centimètres cubes d'une dissolution concentrée de potasse, à laquelle on ajoute une dissolution d'acide pyrogallique.

A l'aide de quelques secousses on amène la liqueur en contact avec toutes les parties du gaz, et lorsque l'absorption est complète on détermine le volume du résidu qui n'est autre que de l'azote pur. Cette méthode d'une simplicité parfaite et d'une exécution facile, donne des résultats d'une grande exactitude. Comme précédemment on trouve pour la composition moyenne de l'air :

Oxygène	21
Azote	79
Air	100

Les procédés fort simples que je viens de vous décrire pour déterminer les proportions exactes d'oxygène et d'azote que renferme un volume déterminé d'air, procédés qui reposent tous sur des évaluations de volumes ne nous permettent d'obtenir qu'une approximation d'un centième. Afin d'arriver à des résultats plus précis, MM. Dumas et Boussingault ont remplacé la méthode des volumes par celle des pesées, qui, tout en leur fournissant des déterminations plus rigoureuses, leur a permis d'agir sur 25 à 30 litres d'air, au lieu d'opérer comme précédemment sur quelques centimètres cubes. On comprend dès lors qu'avec une balance d'une sensibilité très-grande on puisse obtenir une approximation d'un millième.

Ce procédé, beaucoup trop compliqué pour que je vous en donne une description, conduit pour la composition moyenne, en poids, de l'air normal aux nombres suivants :

Oxygène	$23^{gr},0$
Azote	$77^{gr},0$
Air	$100^{gr},0$

qui traduits en volumes s'expriment par :

Oxygène	$20^{vol},8$
Azote	$79\ ,2$
Air	$100^{vol},0$

Ces nombres s'écartant fort peu, comme vous le voyez, de ceux que fournissent les méthodes volumétriques, ces derniers seront d'une application parfaitement suffisante dans les circonstances ordinaires.

Indépendamment de l'oxygène et de l'azote qui forment la masse principale de l'atmosphère, on y rencontre de l'acide carbonique et de la vapeur d'eau dont on peut constater l'existence à l'aide des expériences suivantes.

Qu'on suspende au milieu de l'air un entonnoir renfermant un mélange de glace et de sel et dont on a bouché la douille au moyen d'un liége. On verra bientôt se déposer à sa surface une croûte de givre dont l'épaisseur s'accroîtra graduellement, et qui ne peut évidemment provenir que de la vapeur d'eau répandue dans l'atmosphère.

Une bouteille qu'on remonte de la cave en été laisse déposer à sa surface au bout de quelques instants une couche de rosée qui ne peut avoir également d'autre origine.

On démontre tout aussi facilement l'existence de l'acide carbonique en abandonnant au contact de l'air un vase rempli d'une dissolution d'eau de chaux parfaitement limpide. Bientôt, en effet, il se forme à sa surface une pellicule blanche.

Vient-on à briser cette pellicule, une seconde lui succède et ainsi de suite jusqu'à ce que toute la chaux soit saturée. Si l'on recueille alors le dépôt, puis qu'on le traite par un acide même faible, du vinaigre par exemple, une effervescence très-vive se déclare, et si l'on recueille le gaz on lui trouve toutes les propriétés de l'acide carbonique.

Quant à la proportion de ce gaz, elle n'est pas constante comme on pouvait s'y attendre, et se meut entre certaines limites; elle paraît varier de $\frac{4}{10000}$ à $\frac{6}{10000}$.

Sa proportion augmente la nuit et diminue le jour. Elle suit pareillement le cours des saisons. Elle varie également dans les temps de sécheresse et après d'abondantes pluies. Mais ces variations locales, si faciles à constater par l'analyse, doivent évidemment disparaître dans la masse de l'atmosphère.

Outre ces substances, on a constaté dans l'air atmosphérique l'existence de petites quantités d'ammoniaque, d'acide sulfhydrique et d'un principe hydro-carboné qui fut signalé pour la première fois par Théodore de Saussure et dont M. Boussingault a déterminé la proportion. Ce savant pense avec raison que cette substance n'est autre que le gaz des marais qui prend incessamment naissance dans la décomposition des végétaux herbacés, qui s'échappe spontanément du sol en proportion considérable dans certaines localités et qu'on rencontre en outre dans un grand nombre d'échantillons de houille.

Il résulte des recherches fort remarquables de M. Pasteur, que l'air retient en suspension des germes de végétaux et d'animaux inférieurs qui donnent naissance soit à des moisissures, soit à des infusoires, lorsqu'ils viennent se déposer dans un milieu favorable à leur développement, tel que du lait, de l'urine, une infusion végétale, du jus de viande, etc. Si l'on fait arriver, en effet, dans l'un quelconque de ces liquides porté préalablement à la température de l'ébullition de l'air tamisé par son passage à travers un tube de porcelaine chauffé au rouge, il ne s'y développe aucun organisme, même au bout de plusieurs mois, lorsqu'on a scellé les ballons qui renferment les liquides précités après les avoir remplis de cet air.

Fait-on une expérience comparative avec les liquides précédents portés également à l'ébullition et de l'air ordinaire, on voit alors dans la plupart des cas apparaître à leur surface de petits végétaux mycodermiques ou s'agiter des infusoires dans leur intérieur.

Si l'on fait avec l'air ordinaire une expérience semblable à la précédente en disposant dans le tube qui amène le gaz cette variété de coton-poudre connue sous le nom de *collodion*, et qu'après avoir fait passer à travers ce tube une quantité d'air assez considérable, on reprenne cette substance par de l'alcool éthéré qui la dissout facilement, on y voit nager des corpuscules qu'un examen microscopique démontre être de véritables germes de natures diverses. L'existence bien établie de ces germes au sein de l'air détruit d'une manière bien évidente l'hypothèse des générations spontanées.

Enfin, on a signalé dans certaines localités, l'existence de substances de nature inconnue, qu'on désigne sous le nom de *miasmes*, qui se développent dans la putréfaction des matières animales et constituent une cause permanente d'insalubrité dans quelques contrées, telles que les maremmes de la Toscane, les marais Pontins, etc., etc....

Ces matières paraissent solubles dans l'eau, car lorsqu'on recueille le givre qui se dépose contre les parois d'un vase rempli de sel et de glace et qu'on l'abandonne dans un endroit chaud, l'eau liquide qui résulte de cette fusion se décompose très-rapidement en répandant une odeur infecte annonçant par cela qu'elle renferme des substances très-facilement putrescibles.

La respiration des animaux et la combustion des matières carbonacées employées dans les arts et l'économie domestique pour la production de la chaleur et de la lumière, consommant incessamment de l'oxygène et rejetant à sa place dans l'atmosphère de l'acide carbonique et de la vapeur d'eau, ne semble-t-il pas au premier abord que la composition de l'atmosphère devrait subir des modifications qui, quoique légères, arriveraient à se traduire d'une manière appréciable au bout d'un grand nombre d'années?

Les calculs établis à cet égard par M. Dumas dans un opuscule fort remarquable, ayant pour titre : *Statique chimique des êtres organisés,* vous démontreront que, pour que cette variation devienne sensible, il faudrait l'accumulation de plusieurs siècles.

M. Dumas s'exprime à cet égard de la manière suivante : « L'air qui nous entoure, dit-il, pèse autant que 581 000 cubes de cuivre d'un kilomètre de côté, son oxygène pèse autant que 134 000 de ces mêmes cubes.

« En supposant que la terre soit peuplée de mille millions d'hommes et en portant la population animale à une quantité équivalente à trois mille millions d'hommes, on trouverait que ces quantités réunies ne consomment en un siècle qu'un poids d'oxygène égal à 15 ou 16 kilomètres cubes de cuivre, tandis que l'air en renferme 134 000.

« Il faudrait dès lors un espace d'environ 10 000 années pour que tous ces hommes pussent produire sur l'air un effet sensible à l'eudiomètre de Volta, même en supposant la vie végétale anéantie pendant tout ce temps.

« En ce qui concerne la permanence de la composition de l'air, nous pouvons donc dire en toute assurance que la proportion d'oxygène qu'il renferme est garantie pour bien des siècles, même en supposant nulle l'influence des végétaux. »

Or par une de ces harmonies qu'on ne saurait trop admirer, les parties vertes des plantes décomposent, sous l'influence de la lumière, l'acide carbonique engendré par la respiration et la combustion, s'en assimilent le carbone pour se nourrir et se développer, et rejettent l'oxygène dans l'atmosphère.

Ainsi l'air est un immense réservoir où les plantes viennent puiser l'acide carbonique nécessaire à leurs besoins, où les animaux trouvent à leur tour l'oxygène qu'ils peuvent consommer.

Nous voyons donc d'une part les animaux consommateurs de matière produire de la force; ce sont de véritables appareils de combustion entièrement assimilables à nos fourneaux. Ils brûlent sous l'influence de l'oxygène atmosphérique de la matière organisée, en reproduisant cette chaleur et cette électricité qui font leur force et en mesurent le pouvoir. Ces matières, ainsi détruites et ramenées à des formes très-simples, retournent à l'atmosphère d'où elles sortent. Les végétaux, à leur tour, absorbent de la chaleur et accumulent de la matière qu'ils savent organiser.

Considérée à ce point de vue, l'atmosphère nous apparaît donc, ainsi que le fait ressortir M. Dumas en un style élevé dans l'opuscule dont je vous parlais précédemment, comme le chaînon mystérieux qui lie le règne végétal au règne animal. Tout ce que l'air donne aux plantes, dit-il, les plantes le cèdent aux animaux, qui le rendent à leur tour à l'air; cercle éternel dans lequel la vie s'agite et se manifeste, mais où la matière ne fait que changer de place.

La constance que l'on observe dans la composition de l'air avait fait penser à quelques savants que ce fluide pourrait bien être une combinaison définie d'oxygène et d'azote, ces deux gaz s'y trouvant sensiblement dans les rapports de 80 à 20 ou de 4 à 1.

Des considérations de nature diverse, qu'il serait trop long de développer ici, démontrent de la manière la plus nette que c'est un simple mélange.

Si l'atmosphère normale présente une composition constante, il ne saurait en être de même de l'air contenu dans des espaces limités renfermant des agglomérations d'hommes ou d'animaux. Par suite du phénomène de la respiration, ces atmosphères se trouvent promptement viciées en raison de la disparition d'une certaine proportion d'oxygène et de la production d'une quantité correspondante d'acide carbonique. De là la nécessité d'établir dans ces enceintes une ventilation suffisante pour éliminer au fur et à mesure de leur production les principes délétères qui s'y accumulent et qui finiraient par rendre l'air qu'elles renferment entièrement irrespirable. Je n'insisterai pas davantage sur ce point qui nous entraînerait en dehors du cadre de ces leçons.

DEUXIÈME LEÇON.

OXYGÈNE.

Étude de l'oxygène. Description de ses divers modes de préparation. Emploi de l'oxyde rouge de mercure, du peroxyde de manganèse, du chlorate de potasse. — Méthodes de Boussingault, de Tessié du Motay et Maréchal pour extraire l'oxygène de l'air. Propriétés physiques de l'oxygène. Action comburante de ce gaz. — Variété allotropique de l'oxygène. Oxygène électrisé ou ozone. Examen des différentes circonstances sous l'influence desquelles se produit cette curieuse modification. Propriétés de l'ozone. Moyen de reconnaître sa présence dans l'air. — Préparation du chlore. Propriétés physiques. Liquéfaction de ce gaz. Hydrate de chlore. Propriétés chimiques. Affinité du chlore pour l'hydrogène. Examen des circonstances dans lesquelles elle se satisfait. Acide chlorhydrique. Propriétés décolorantes du chlore. Application au blanchiment des étoffes de coton, de lin et de chanvre. Iode. Propriétés physiques et chimiques de ce corps. Analogies qu'il présente avec le chlore.

Maintenant que vous savez que la masse principale de l'atmosphère est formée de deux gaz dont l'un, l'oxygène, joue dans l'économie de la nature un rôle des plus considérables, puisqu'il est l'agent de la combustion, et par suite de la respiration, qui n'est elle-même qu'une combustion lente, je vais vous décrire les principaux procédés employés pour la préparation de ce dernier, et vous faire connaître ses propriétés les plus saillantes. L'étude du second principe constituant de l'air, l'azote, fera l'objet d'une autre leçon.

Eck de Sultzbach, dès le quinzième siècle, constata le premier, par l'expérience, l'augmentation de poids des métaux par la calcination, augmentation qu'il attribuait à la fixation d'un esprit par le métal, « et ce qui le prouve, dit-il, c'est que la chaux mercurielle soumise à la distillation laisse dégager un esprit. »

Postérieurement, Cardan entrevit également l'oxygène. Dans un de ses ouvrages (*De varietate rerum*) il parle d'un gaz qui alimente la flamme et rallume les corps qui présentent quelques points en ignition.

Enfin, John Mayow, vers l'an 1674, s'exprime ainsi dans son livre au sujet de l'oxygène : « Il ne faut pas s'imaginer, dit-il, que l'élément igno-aérien soit tout l'air lui-même, il n'en constitue qu'une partie et la plus active. »

Mais le temps n'était pas encore venu où la parole de ces hommes devait être prise en considération, et il devait s'écouler tout un siècle entre le dernier des précurseurs de cette grande découverte et celui qui devait la réaliser.

Désigné successivement sous les noms d'*air vital*, d'*air du feu*, d'*air déphlogistiqué*, l'oxygène reçut le nom par lequel nous le désignons lors de la création de la nomenclature parce qu'on le croyait seul capable d'engendrer des composés acides.

C'est l'un des corps les plus abondamment répandus

dans la nature. Nous avons constaté dans la dernière leçon qu'il forme environ le cinquième du volume de l'atmosphère. L'eau renferme approximativement les $\frac{9}{10}$ de son poids de ce gaz. Il entre en proportion considérable dans les minéraux qui forment la croûte du globe. C'est enfin l'un des éléments constituants de tous les composés du règne organique.

Les métaux étant chauffés au contact de l'air en absorbent l'oxygène, à l'exception toutefois des métaux nobles, tels que l'or, l'argent, le platine, et se transforment en produits dépourvus d'éclat que les anciens chimistes désignaient sous le nom de *chaux métalliques*. Ces dernières soumises à des températures très-élevées n'éprouvent pas en général d'altération. Néanmoins parmi les métaux, il en est un, le mercure, qui va nous offrir des résultats tout différents.

Le maintient-on en effet pendant longtemps à l'air à une température voisine de son ébullition, il en absorbe graduellement l'oxygène et se recouvre d'une poussière d'un rouge briqueté désignée sous le nom de *précipité per se*, qui n'est autre qu'un oxyde de mercure, la chaux mercurielle des anciens chimistes. Chauffe-t-on plus fortement cette poussière elle se détruit, le mercure revivifié reparaissant avec tout son éclat, tandis que l'oxygène se dégage. Bayeu fit le premier cette expérience; mais ce fut Priestley qui remarqua que le gaz dégagé différait entièrement de l'air ordinaire; c'est donc véritablement à lui qu'on en doit la découverte.

Pour recueillir le gaz on introduit une certaine quantité de cet oxyde de mercure dans une petite cornue de verre (fig. 6) que l'on chauffe soit au moyen de quelques charbons, soit à l'aide d'une lampe à gaz. On adapte

Fig. 6.

au col de la cornue un tube doublement recourbé dont on engage l'extrémité sous une éprouvette remplie d'eau. Le gaz au fur et à mesure de sa production expulse ce liquide dont il prend la place et vient se rassembler dans l'éprouvette qui repose sur une capsule de terre, ou *têt,* percée d'une ouverture centrale, qui lui permet de se rendre dans la cloche, et d'une échancrure latérale dans laquelle s'engage le tube de dégagement.

Bien que cette méthode soit d'une simplicité parfaite, on ne saurait cependant l'employer en raison du prix élevé de l'oxyde de mercure. On remplace ce produit avec avantage par un composé que la nature nous offre en quantités considérables, le peroxyde ou bioxyde de manganèse. A cet effet, on introduit cet oxyde préalablement réduit en poudre fine dans une cornue de grès qu'on en remplit aux trois quarts environ, et au col de laquelle on adapte un tube à gaz. La cornue étant disposée au centre d'un fourneau à réverbère (fig. 7) est chauffée

Fig. 7.

graduellement jusqu'au rouge. L'affinité de l'oxygène pour le métal s'affaiblissant à mesure qu'on élève la température en même temps que la force expansive s'accroît, il arrive nécessairement une époque où l'équilibre se trouve détruit. L'oxyde primitif se scinde alors en oxygène qui se dégage et que l'on reçoit dans des éprouvettes disposées sur la cuve à eau, et en un oxyde de manganèse moins riche en oxygène que le précédent et qui reste comme résidu.

Cent parties en poids de peroxyde de manganèse renferment 36,64 d'oxygène. En maintenant cette matière au rouge vif tant qu'il se dégage du gaz on en recueille environ 12 parties, c'est-à-dire sensiblement le tiers de la quantité totale d'oxygène qu'il contient. Le résidu que renferme la cornue présente une couleur rougeâtre, c'est une combinaison définie de deux oxydes de manganèse sur laquelle la chaleur n'a plus d'action.

L'oxyde de manganèse naturel renfermant fréquemment du carbonate de chaux et ce dernier se décomposant au rouge, il en résulte que l'oxygène recueilli renferme du gaz carbonique qui en diminue le pouvoir comburant. Pour l'en débarrasser il suffit de le faire passer à travers une liqueur alcaline telle qu'une solution de potasse ou bien un lait de chaux.

On peut retirer l'oxygène du peroxyde de manganèse en plus forte proportion et à une température beaucoup plus basse en faisant agir sur lui l'acide sulfurique concentré. Il suffit d'introduire dans un ballon de verre (fig. 8) du peroxyde de manganèse en poudre fine et de l'acide sulfurique concentré, puis de chauffer le mélange avec précaution. Le gaz se dégage lentement et d'une manière continue; on le recueille à la manière ordinaire en adaptant au col du ballon un tube à gaz dont on engage l'extrémité sous des cloches remplies d'eau.

La réaction est des plus simples; l'affinité de l'acide pour le protoxyde de manganèse amène la décomposition du peroxyde, un sulfate prend naissance et la moitié de l'oxygène se dégage.

Comme précédemment il est important de faire passer le gaz à travers une liqueur alcaline pour le dépouiller de l'acide carbonique qu'il pourrait entraîner dans le cas où l'oxyde employé contiendrait du carbonate de chaux. Un kilogramme de peroxyde de manganèse

Fig. 8.

décomposé par la chaleur fournit 121 grammes d'oxygène, soit 84 lit. 5 c. Un kilogramme du même produit traité par l'acide sulfurique donne 182 gr. d'oxygène, soit 126 lit.

On peut se procurer de l'oxygène, sinon plus économiquement, du moins d'une manière plus commode, en substituant aux produits précédents le chlorate de potasse; c'est même là le corps auquel on doit donner la préférence lorsqu'on veut se procurer du gaz très-pur. A cet effet, on introduit le chlorate dans une petite cornue de verre (fig. 9) que l'on chauffe graduellement. Par la pre-

Fig. 9.

mière application de la chaleur, le sel se résout en un liquide du sein duquel se dégagent bientôt de petites bulles gazeuses qui viennent crever à la surface. On recueille le gaz, soit dans des flacons, soit dans des éprouvettes. La décomposition une fois terminée, la masse devient pâteuse et ne tarde pas à se solidifier dès qu'on éloigne la cornue du foyer.

On peut rendre la décomposition du chlorate plus rapide en ajoutant à ce sel plusieurs substances pulvérulentes, et notamment du peroxyde de manganèse. Il faut, alors, conduire l'opération avec beaucoup de soins, sans quoi la désunion des éléments pourrait s'opérer d'une manière tellement brusque qu'il en résulterait une véritable explosion. L'oxyde de manganèse n'agit ici que par sa présence.

Un kilogramme de chlorate de potasse fournit dans ces circonstances 392 grammes d'oxygène, soit 272 litres de gaz, c'est-à-dire une quantité plus que triple de celle que laisse dégager un poids égal de peroxyde de manganèse soumis à la distillation.

L'oxygène étant l'un des principes de l'air, on peut se demander s'il est possible de l'extraire directement de ce fluide, et si cette extraction peut s'effectuer d'une manière économique. M. Boussingault a résolu ce problème, en faisant usage d'une méthode qui permet de fixer l'oxygène sur une substance solide à une température déterminée, et de l'en dégager à une température supérieure. Il a mis à profit la propriété dont jouit la baryte ou protoxyde de barium, de pouvoir se changer en bioxyde à la température du rouge sombre, en absorbant une quantité d'oxygène égale à celle qu'il renferme, et d'abandonner cet excès d'oxygène, lorsqu'on le chauffe plus fortement, en régénérant la baryte qui a servi de point de départ. L'expérience s'exécute de la manière suivante (fig. 10). On fait tomber dans un grand flacon A un mince filet d'eau dont le but est de chasser l'air qu'il contient dans un flacon tubulé rempli de fragments de chlorure de calcium ou de pierre ponce imbibée d'acide sulfurique. Cet air desséché se rend dans un tube de porcelaine de gros calibre, disposé horizontalement dans le laboratoire d'un fourneau à réverbère, et rempli de fragments de baryte caustique. A l'autre extrémité du tube de porcelaine, on adapte, au moyen d'un bouchon de liége, un tube de verre recourbé, qui amène les gaz dans une cuve à eau où on peut les recevoir. Si, lorsque le tube est chauffé au rouge, on ferme toutes les issues du fourneau pour arrêter la combustion, la baryte se trouve dès lors portée tout au plus

Fig. 10.

au rouge sombre, et par conséquent dans les conditions les plus favorables pour se changer en bioxyde de barium, si l'on dirige sur elle un courant d'air.

En effet le gaz recueilli dans des éprouvettes présente toutes les propriétés qui caractérisent l'azote. Quand l'air a passé durant un quart d'heure environ, on supprime son arrivée, puis on débouche toutes les ouvertures. La température s'élève alors très-notablement, et bientôt un nouveau dégagement se produit ; mais le gaz cette fois rallume les corps présentant encore quelques points en ignition et nous offre, en un mot, tous les caractères de l'oxygène le plus pur.

Se propose-t-on d'obtenir de grandes quantités d'oxygène par cette méthode, on continue le dégagement de l'air tant qu'on recueille de l'azote sur la cuve; cesse-t-il de se montrer, on fait communiquer avec un gazomètre le tube qui amène les gaz et l'on dégage l'oxygène. M. Boussingault a pu répéter l'expérience jusqu'à dix-sept fois avec le même échantillon de baryte; mais au delà de ce terme la baryte a perdu la propriété de se changer en bioxyde; dès lors il est nécessaire de la remplacer par de la baryte nouvelle.

On doit à MM. Sainte-Claire-Deville et Debray un mode de préparation assez économique de l'oxygène, qui repose sur la décomposition de l'acide sulfurique au rouge en oxygène et acide sulfureux, ce dernier pouvant servir à son tour à régénérer de l'acide sulfurique. Mais la description de ce procédé, toute simple qu'elle soit, ne saurait trouver place dans le cadre restreint de ces leçons.

Enfin, tout récemment, MM. Tessié du Motay et Maréchal ont fait connaître une méthode qui, suivant eux, résoudrait le problème de l'extraction économique de l'oxygène atmosphérique.

Les matières premières employées par eux sont le peroxyde de manganèse et la soude caustique.

On introduit dans une cornue de terre des proportions convenables de ces deux corps, dont on élève la température à 450 degrés environ au moyen d'un courant d'air lancé par un moyen mécanique quelconque. L'oxyde de manganèse absorbe dans ces circonstances l'oxygène de cet air, et se change en un acide, l'acide manganique, qui s'unit à la soude.

Au bout d'une heure ou deux on arrête l'action de l'air, qu'on remplace par de la vapeur d'eau surchauffée. Celle-ci décompose le manganate, régénère l'oxyde de manganèse et la soude, entraînant avec elle l'oxygène. Ce gaz et la vapeur d'eau passent dans un tube refroidi où l'eau se condense, tandis que l'oxygène est recueilli dans un gazomètre. Lorsque le dégagement d'oxygène a cessé, la cornue ne renferme plus qu'un mélange de soude et de sesquioxyde de manganèse, qui, chauffé dans un courant d'air, en fixe de nouveau l'oxygène. Il résulte des expériences de ces chimistes qu'on n'observe pas de diminution dans le rendement du gaz après 75 réoxydations successives.

Si les résultats précédents se confirment, MM. Tessié du Motay et Maréchal auront doté l'industrie d'une méthode véritablement économique de l'extraction de l'oxygène contenu dans l'atmosphère.

Quel que soit le procédé qu'on emploie pour sa préparation, l'oxygène possède les propriétés suivantes : c'est un gaz incolore, inodore et insipide comme l'air, avec lequel il se confond pour l'aspect. Comme lui il est permanent; du moins jusqu'à présent on n'a pu opérer sa liquéfaction, et encore moins sa solidification, à une température d'environ 100 degrés au dessous de 0° et sous une pression de 50 atmosphères.

Sa densité, supérieure à celle de l'air, est représentée par le nombre 1,1057. Un litre de ce gaz pèse, par conséquent, $1^{gr.},437$. L'eau en dissout environ les $\frac{45}{1000}$ de son volume à la température ordinaire. Comprimé brusquement dans le briquet à air, il s'échauffe assez pour brûler les matières grasses qui lubréfient le piston; ce qui avait fait croire que dans cette circonstance il devenait lumineux. Ce gaz entretient très-bien la combustion; c'est ainsi qu'il rallume les corps de nature organique, tels qu'un fragment de bois ou la mèche d'une bougie récemment éteinte, qui ne présentent que quelques points en ignition. Dans ce cas, le carbone et l'hydrogène qui entrent dans la composition de la matière organique s'unissent à l'oxygène pour former de l'acide carbonique et de l'eau, en développant une grande quantité de chaleur. Un cône de charbon dont on porte la pointe au rouge, des fragments de soufre et de phosphore (fig. 11) convenablement chauffés,

Fig. 11.

qu'on dispose dans une petite capsule suspendue à l'extrémité d'un fil de fer, brûlent avec une lumière des plus vives lorsqu'on les introduit dans un flacon rempli d'oxygène sec.

Certains métaux peuvent même brûler dans l'oxygène avec la plus vive énergie dès qu'on porte un de leurs points au rouge. Il ne se produirait rien si l'on opérait à froid et si l'oxygène était sec. C'est ainsi qu'on pourrait conserver un faisceau de fils de fer parfaitement intact dans de l'oxygène desséché. Mais si l'on adapte à l'extrémité de ces fils un fragment d'amadou, puis qu'après avoir allumé ce dernier on plonge le faisceau dans un flacon rempli d'oxygène, on verra bientôt le métal s'enflammer, en lançant dans toutes les directions des étincelles sous la forme d'aigrettes douées du plus vif éclat. La température qui se développe dans cette combustion (fig. 12) est telle

Fig. 12

que les globules d'oxyde magnétique qui prennent naissance s'incrustent dans la pâte du verre, lors même que la couche d'eau qu'ils ont traversée pour atteindre sa surface présente une épaisseur de quelques centimètres. Un fil de magnésium brûle dans l'oxygène avec un éclat comparable à celui de la lumière électrique. On a mis à profit cette éblouissante lumière, que l'œil a peine à supporter, pour obtenir des épreuves photographiques.

Des poids égaux des différents corps simples dégagent des quantités de chaleur bien différentes lorsqu'ils s'unissent à l'oxygène; l'hydrogène est de tous les corps celui qui, à poids égal, développe en brûlant la quantité de chaleur la plus considérable.

OXYGÈNE ÉLECTRISÉ. OZONE.

L'oxygène, de même que certains autres corps simples (soufre, phosphore, etc.), peut acquérir, dans certaines circonstances, des propriétés toutes spéciales et tellement différentes de celles qu'il manifeste à l'état normal, qu'on serait tenté de croire que c'est une substance toute nouvelle qui a pris naissance.

C'est ainsi que lorsqu'on fait passer une série d'étincelles électriques à travers de l'oxygène parfaitement pur, ce gaz manifeste des propriétés oxydantes d'une énergie considérable, en même temps qu'il acquiert une odeur toute particulière.

Ce fait, constaté par Van Marum vers l'année 1783, demeura complétement oublié jusqu'en 1840, époque à laquelle M. Schœnbein démontra que l'oxygène provenant de la décomposition de l'eau par la pile possédait exactement les propriétés que nous venons d'énoncer. Il les attribua tout d'abord à la présence d'une substance particulière présentant des analogies avec les corps de la famille du chlore, à laquelle il donne le nom d'*ozone* (de ὄζω, je sens). Ce produit, dont on observe encore la formation lorsque l'électricité se dégage sous forme d'aigrettes lumineuses d'une pointe métallique mise en communication avec le conducteur d'une forte machine à friction, prend également naissance, d'après M. Schœnbein, lorsqu'on fait passer de l'air humide à la température ordinaire, sur des bâtons de phosphore disposés dans un tube d'un petit diamètre, à l'extrémité duquel on a adapté un tube à gaz. Dans ces circonstances, une portion de l'oxygène se fixe sur le phosphore, tandis que l'autre portion, qui s'échappe avec l'azote, possède l'odeur toute spéciale de l'oxygène électrisé, ce qui prouve évidemment qu'il s'est formé de l'ozone.

Le développement de l'ozone au pôle positif de la pile dépend de la nature du métal qui forme l'électrode et de la nature de la substance ajoutée à l'eau pour la rendre conductrice. Il faut faire usage d'électrode en or ou en platine; l'eau doit être acidulée par de l'acide sulfurique ou de l'acide azotique; on peut substituer à ces derniers des sels très-riches en oxygène.

L'oxygène se manifeste encore sous cette forme quand on l'isole d'une de ses combinaisons à une basse température, lorsqu'on traite, par exemple, ainsi que l'a reconnu M. Houzeau, le bioxyde de barium par l'acide sulfurique étendu. L'oxygène qui se dégage dans ces circonstances présente, en effet, l'odeur caractéristique de l'ozone.

La proportion d'ozone formée dans ces diverses circonstances est toujours très-faible. On peut néanmoins transformer la totalité de l'oxygène en ozone en opérant de la manière suivante :

On introduit de l'oxygène pur dans un eudiomètre disposé sur le mercure, au milieu duquel on suspend une lame d'argent humectée, ou dans lequel on a fait parvenir, au moyen d'une pipette courbe, une solution d'iodure de potassium; on voit alors l'oxygène s'absorber d'une manière régulière à mesure qu'on fait passer des étincelles électriques.

Opère-t-on dans des tubes de verre remplis d'oxygène pur et scellés à la lampe, et fait-on passer une série d'étincelles à travers le gaz au moyen de fils de platine qui traversent les parois, on détermine, comme précédemment, la formation d'une certaine portion d'ozone. La pointe des tubes étant ouverte au bout d'un certain temps sur une solution d'iodure de potassium, le volume du gaz absorbé fait connaître le volume d'ozone produit.

Ces résultats intéressants ont été observés par MM. Edmond Becquerel et Frémy. Ces savants ont constaté que la quantité d'ozone formée croît durant quelques heures, temps au bout duquel l'électricité paraît détruire ce qu'elle avait primitivement formé.

Sous cette forme nouvelle, l'oxygène acquiert, à la manière du chlore et de ses analogues, la propriété de détruire très-rapidement les matières colorantes d'origine organique. Il est absorbé rapidement par le mercure et s'unit à l'argent à la surface duquel il forme une couche noirâtre d'oxyde. La plupart des métaux d'une oxydation difficile absorbent pareillement l'oxygène ozoné dans des conditions où l'oxygène inodore n'exerce sur eux aucune action. Sous l'influence des bases énergiques, il s'unit directement et d'une manière rapide à l'azote, en donnant naissance à des azotates. Lorsqu'on laisse tomber goutte à goutte une solution aqueuse d'ammoniaque dans un vase rempli d'oxygène ozoné, d'abondantes vapeurs blanches se manifestent aussitôt et l'évaporation de la liqueur fournit de beaux cristaux d'azotate d'ammoniaque.

L'oxygène ozoné convertit un grand nombre de sulfures en sulfates et déplace l'iode des iodures alcalins. Cette propriété curieuse est souvent mise à profit pour constater la présence de l'ozone.

Ces exemples, que nous pourrions multiplier à l'infini, démontrent donc que, sous diverses influences, l'oxygène peut éprouver des modifications remarquables et tellement singulières qu'on serait tenté de croire qu'on a opéré une véritable transmutation.

L'oxygène ozoné se détruit d'une manière progressive lorsqu'on le chauffe à une température de 100° et subitement quand on le met en contact avec de la vapeur d'eau bouillante, qui porte sa température à 100° dans tous ses points.

Le charbon en poudre et le peroxyde de manganèse le détruisent instantanément.

M. Schœnbein admet dans certains oxydes et dans certains sels, tels que le peroxyde de manganèse et le chlorate de potasse, l'existence de l'oxygène à l'état d'ozone. Or l'ozone étant détruit par la chaleur, et la séparation de l'oxygène de ces composés exigeant l'intervention d'une température supérieure à 100°, on comprend qu'ils ne doivent fournir, lorsqu'on les chauffe, que de l'oxygène ordinaire.

M. Schœnbein, à qui l'on doit des observations pleines d'intérêt sur cette curieuse modification de l'oxygène, admet l'existence d'un oxygène négatif, qu'il appelle *ozone*, et d'un oxygène positif, auquel il donne le nom d'*antozone;* dans cette hypothèse, l'oxygène ordinaire résulterait de la neutralisation de ces deux variétés.

L'oxygène éprouvant les modifications dont nous venons de parler, sous l'influence de l'électricité, ce fluide se développant en outre, à chaque instant, dans la nature, on devait s'attendre à trouver de l'ozone dans l'air : c'est ce qu'a constaté M. Schœnbein en suspendant au milieu de l'atmosphère des papiers imprégnés d'une solution d'iodure de potassium additionnée d'amidon qu'on a fait sécher ensuite.

L'ozone déplace l'iode, qui, réagissant sur l'amidon, donne au papier une coloration brune caractéristique. Or plusieurs substances dont on a constaté l'existence dans l'air, telles que des vapeurs d'huiles essentielles (Cloëz), la vapeur nitreuse (Houzeau), jouissant également de la propriété de brunir le papier *ioduro-amidonné,* l'existence de l'ozone dans l'air avait été révoquée en doute par plusieurs chimistes.

Des recherches toutes récentes de M. Schœnbein et la substitution au papier ioduro-amidonné de certains réactifs qui ne sont influencés ni par les huiles essentielles, ni par les vapeurs nitreuses, semblent résoudre d'une manière complète la question relative à la présence de l'ozone dans l'air.

La proportion maximum d'ozone contenue dans l'air n'atteignant qu'un millionième du volume de cet air, il serait impossible de doser quantitativement cet élément mais il est toujours facile d'en déceler l'existence.

D'après les observations de M. Schœnbein, l'air est relativement très-riche en ozone après de fortes chutes de neige, à tel point que le papier ioduro-amidonné peut bleuir fortement au bout d'une demi-heure.

CHLORE.

Je ne terminerai pas cette leçon sans vous dire quelques mots d'un second gaz, *le chlore,* qui bien que différent de l'oxygène par l'aspect, présente les analogies les plus manifestes avec ce gaz, au point de vue des propriétés comburantes, analogies que nous ferons ressortir nettement dans la leçon prochaine, lorsque nous aborderons la théorie de la combustion.

Découvert par Scheele en 1774, ce corps, considéré tout d'abord comme un être complexe, avait reçu des chimistes les noms d'*acide marin déphlogistiqué,* d'*acide muriatique oxygéné.* On le considérait depuis longtemps, en effet, d'après son mode même de production, comme une combinaison d'acide muriatique et d'oxygène, lorsque Gay-Lussac et Thénard démontrèrent de la manière la plus nette que c'était un corps simple.

Gazeux à la température ordinaire, ce corps se différencie complétement de l'oxygène et de l'air, que nous avons étudiés précédemment, en ce qu'il est coloré. C'est même à sa couleur jaune verdâtre qu'il doit le nom qu'il porte.

Ce gaz est délétère; il suffit d'en respirer quelques bulles pour être saisi d'une vive oppression qui serait suivie de crachements de sang si la dose aspirée était plus forte.

Le chlore se prépare en faisant agir sur le peroxyde de manganèse, substance dont nous nous sommes déjà servi pour obtenir l'oxygène, la solution aqueuse du gaz chlorhydrique, produit que le commerce nous offre en abondance et à bas prix.

A cet effet on introduit dans un ballon de verre (fig. 13) du peroxyde de manganèse en poudre fine, sur lequel on fait arriver au fur et à mesure, et par petites portions, de l'acide chlorhydrique du commerce au moyen d'un tube en S. Le gaz qui prend naissance dans cette réaction traverse un flacon laveur, dans lequel il se dépouille de l'acide chlorhydrique entraîné. On le recueille dans des éprouvettes ou des flacons remplis d'eau salée, liqueur qui le dissout en plus faible proportion que l'eau pure. Dans cette réaction l'hydrogène de l'acide chlorhydrique s'unit à l'oxygène du peroxyde; quant au chlore, une partie se fixe sur le métal, tandis que l'autre devient libre.

La densité du chlore est représentée par le nombre 2,44, ce qui signifie que ce gaz est environ 2 fois 1/2 plus lourd que l'air. Si l'on avait besoin pour quelque recherche de gaz absolument sec, on opérerait de la manière suivante : ce gaz attaquant énergiquement le mercure, on interposerait entre le ballon qui sert à le produire et les flacons dans lesquels on se propose de le

Fig. 13.

recevoir (fig. 14) une éprouvette étranglée par le bas, renfermant une substance desséchante telle que du chlorure de calcium en fragments ou de la ponce imbibée d'acide sulfurique concentré.

Le chlore, en raison de sa grande densité, déplace l'air au fur et à mesure qu'il arrive dans le flacon; dès que l'atmosphère de ce dernier présente une couleur jaune verdâtre uniforme, on le bouche, puis on le remplace par un autre. Ce mode de préparation ne présente d'autre inconvénient que de perdre une certaine quantité de gaz.

Le chlore se dissout dans l'eau pure en proportions qui varient notablement avec la température. C'est entre + 8

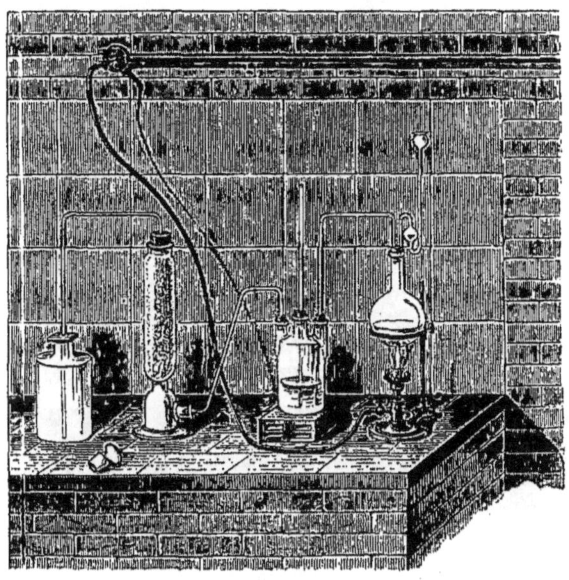

Fig. 14.

et + 10° que cette solubilité atteint son maximum; à la température de l'ébullition de l'eau, la solubilité de ce gaz est sensiblement nulle.

Si le chlore est mis en présence de l'eau à une température voisine de 0°, il se sépare une matière cristallisée qui présente la couleur du gaz et qui n'est autre qu'une combinaison définie de chlore et d'eau.

Chauffé même faiblement, ce composé se détruit en reproduisant du chlore et de l'eau. La facile décomposition de cette substance permet d'opérer très-simplement la liquéfaction du chlore. A cet effet on introduit les cristaux précédents, préalablement desséchés (fig. 15), dans un tube de verre, présentant la forme d'un V renversé,

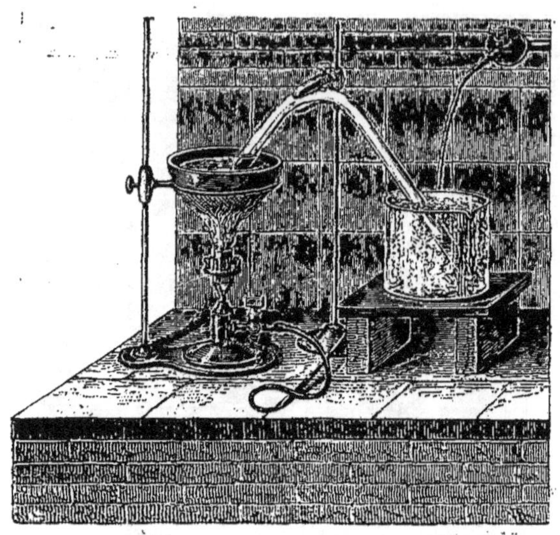

Fig. 15.

qu'on scelle ensuite à la lampe. La branche qui contient les cristaux étant chauffée au bain-marie, ceux-ci laissent dégager tout le chlore qu'ils renferment, et comme ce gaz ne trouve pas d'issue, il exerce sur ses propres molécules une pression telle qu'il change bientôt d'état et se condense en un liquide jaunâtre-foncé dans la seconde branche. On facilite encore cette liquéfaction en plongeant cette dernière dans un mélange de glace et de sel.

On pourrait encore déterminer cette liquéfaction d'une manière commode, mais non économique, en faisant arriver le gaz soigneusement desséché dans un tube de verre disposé au milieu d'un bain d'acide carbonique solide et d'éther, mélange qui produit un froid des plus intenses.

Le chlore, dans lequel brûlent un grand nombre de corps simples, ne saurait servir, à la manière de l'oxygène, à entretenir la combustion des corps organiques, résultat qu'il vous sera facile de comprendre lorsque dans la leçon prochaine nous étudierons la combustion.

Le chlore a pour l'hydrogène une affinité des plus considérables. Celle-ci peut se satisfaire dans diverses circonstances que nous allons successivement énumérer.

Approche-t-on un corps enflammé de l'orifice d'un flacon renfermant un mélange de chlore et d'hydrogène à volumes égaux, une détonation se fait entendre, la couleur du chlore disparaît et le flacon contient un gaz acide, combinaison définie de chlore et d'hydrogène qu'on désigne sous le nom d'*acide chlorhydrique*.

Expose-t-on un flacon semblable au précédent, renfermant le même mélange de chlore et d'hydrogène, à l'action directe des rayons du soleil, il se produit cette fois une détonation tellement violente que presque toujours le vase vole en éclats. Comme précédemment, il se produit de l'acide chlorhydrique.

On peut facilement se rendre compte de la différence qu'on observe relativement à l'énergie de la réaction dans ces deux circonstances.

Dans le cas où l'on fait intervenir la chaleur, la combinaison s'effectue successivement, couche par couche, tandis que la lumière frappant toutes les parties du mélange à la fois, l'action est instantanée.

Remplace-t-on l'action directe du soleil par la lumière

diffuse, on voit encore la combinaison des deux gaz s'effectuer, mais cette fois d'une manière très-lente.

Si le mélange du chlore et de l'hydrogène était abandonné dans une obscurité profonde, il ne se produirait aucune combinaison, même au bout d'un temps considérable. Mais, chose bien remarquable, ce chlore, qui n'agit en aucune façon dans l'obscurité sur l'hydrogène, a-t-il reçu, ne fût-ce qu'une seconde, l'impression des rayons solaires, qu'il devient apte à s'y combiner, comme si ce corps eût retenu dans ses molécules une partie de l'agent qui détermine si facilement leur union. Le chlore éprouverait donc sous l'influence de la lumière solaire une modification semblable à celle que nous avons signalée relativement à l'oxygène à travers lequel on a fait passer une série d'étincelles électriques.

Cette grande affinité du chlore pour l'hydrogène explique la facile décomposition de l'eau par ce corps, lorsqu'on soumet leur mélange à l'action de la chaleur ou de la lumière; de là la nécessité d'entourer de papier noir les flacons qui renferment des dissolutions aqueuses de chlore. Cette grande affinité du chlore pour l'hydrogène, et la facile décomposition de l'eau par ce gaz, avec émission d'oxygène, le rend très-propre au blanchiment des filaments ou des tissus de nature végétale (lin, chanvre, coton). Le chlore détruit, en effet, toutes les matières colorantes de nature organique; aucune ne résiste à son action, et Berthollet rendit à l'agriculture un nombre considérable de prairies employées à la décoloration des toiles, en mettant à profit cette précieuse propriété du chlore. Il me sera facile de vous faire comprendre le rôle remarquable de ce corps dans la prochaine leçon, alors que j'appellerai votre attention sur les phénomènes de la combustion lente.

Mis en présence de composés hydrogènes desséchés avec soin, de matières organiques par exemple, qui renferment de l'hydrogène au nombre de leurs éléments, il donne naissance à des phénomènes d'un haut intérêt. L'affinité du chlore pour l'hydrogène de la matière organique se satisfaisant dans ce cas, de l'acide chlorhydrique se dégage, tandis qu'à chaque molécule d'hydrogène enlevée vient se substituer une molécule de chlore, de telle sorte que l'équilibre primitif de la molécule complexe ne se trouve en aucune façon troublé, la nouvelle substance formée renfermant le même nombre d'atomes que le produit d'où elle dérive. On donne à ce phénomène remarquable, observé par M. Dumas, le nom de *phénomène de substitution*.

Le chlore possède pour les différents corps simples des affinités très-énergiques. Fait-on arriver un jet de chlore sur du phosphore à la température ordinaire, ce corps s'enflamme et brûle avec éclat. L'arsenic, l'antimoine, l'étain, réduits en poudre fine, brûlent en lançant des étincelles lorsqu'on les projette dans un flacon rempli de chlore sec (fig. 16). Le fer et le cuivre, légèrement chauffés, brûlent dans ce cas avec incandescence. Le mercure lui-même s'enflamme dans une atmosphère de chlore, pourvu toutefois qu'on le chauffe à une température capable de produire sa volatilisation.

Le chlore forme avec l'oxygène un grand nombre de combinaisons définies, mais qui toutes présentent une très-grande instabilité. Ces composés sont tous acides.

Deux d'entre eux seulement ont des applications, non à l'état libre, mais sous forme de sels; tels sont les acides chlorique et hypochloreux.

Fig. 16.

Le chlore ne forme avec l'hydrogène qu'une seule combinaison; celle-ci possède, par contre, une stabilité considérable. C'est là, du reste, un fait tellement important par sa généralité, que je vous prierai de le noter avec le plus grand soin. Toutes les fois que deux corps doués d'affinités énergiques sont mis en présence, l'expérience apprend, en effet, qu'ils ne se combinent jamais qu'en une ou deux proportions au plus, et que les composés formés présentent une grande résistance à la décomposition. Lorsque, au contraire, les corps mis en présence sont sollicités par des affinités très-faibles, ils engendrent ordinairement de nombreuses combinaisons qui se détruisent toutes sous les influences les plus faibles.

IODE.

Je n'abandonnerai pas ce sujet sans vous dire quelques mots d'un corps qui présente avec le chlore les plus frappantes analogies; je veux parler de l'*iode*, qui tire son nom de la belle couleur violette que présentent ses vapeurs.

Découvert par Courtois, salpêtrier de Paris, en l'année 1813, ce corps fut étudié d'une manière approfondie par Gay-Lussac, à qui l'on doit la connaissance de ses propriétés les plus importantes.

Solide à la température ordinaire, il se présente sous la forme de paillettes cristallines douées d'un éclat métallique lorsqu'il a été obtenu par sublimation, et sous la forme d'octaèdres parfaitement nets, lorsqu'il provient de la décomposition d'une dissolution aqueuse d'acide iodhydrique, opérée sous l'influence de l'oxygène atmosphérique.

Il fond à 107 degrés en un liquide brun foncé; vers 175, il entre en ébullition et donne des vapeurs d'un violet très-riche.

L'iode donne des vapeurs même à la température ordinaire, ainsi qu'on peut s'en assurer en disposant une plaque d'argent à quelques centimètres au-dessus d'une couche d'iode en poudre.

Ces vapeurs d'iode, ainsi dégagées à la température ordinaire, jouissent, d'après les observations de M. Niepce de Saint-Victor, de la propriété de se porter sur les noirs d'une gravure, de préférence aux blancs. Cette propriété, facile à constater, permet de reproduire des gravures ou des dessins en les exposant pendant quelques minutes à l'action des vapeurs d'iode et les appliquant ensuite sur des feuilles de papier collé à l'amidon et légèrement humectées. Seulement ici la gravure ou le dessin se trouvent renversés, et les traits présentent en outre une couleur d'un bleu violacé. Des plumes de pie, qui offrent un mélange de noir et de blanc, donnent des résultats semblables à ceux que fournit la gravure.

Cette vapeur jouit également de la propriété de se porter sur les reliefs d'un moule, de préférence aux parties creuses. L'expérience est des plus concluantes avec un timbre sec.

L'eau pure dissout à peine $\frac{1}{7000}$ de son poids d'iode; la dissolution possède une couleur d'un brun clair. L'alcool et l'éther la dissolvent en proportion plus considérable; ces dissolutions ont une couleur brune très-foncée.

L'iode se dissout facilement dans la benzine, le chloroforme et le sulfate de carbone, auxquels il communique une belle coloration améthyste lorsqu'il est en proportions très-faibles. La propriété qu'il possède de produire une coloration d'un bleu violacé très-intense avec l'amidon peut être mise utilement à profit pour découvrir des traces d'iode dans une dissolution.

Quelques chimistes ont admis l'existence de l'iode libre

dans l'air. On en a constaté l'existence à l'état d'iodure dans les eaux de la mer, ainsi que dans les plantes qui se développent sur ses bords. On trouve également des iodures dans les eaux des sources salées, ainsi que dans celles des fleuves et des rivières.

C'est un remède héroïque dans le traitement des maladies goîtreuses.

Ce corps possède des propriétés décolorantes analogues à celles du chlore, mais à un degré beaucoup plus faible.

De même que ce corps, il forme avec l'oxygène et l'hydrogène des combinaisons parfaitement définies.

Entre le chlore et l'iode vient se placer un autre corps simple, le *brome* qui présente avec eux d'incontestables analogies. Doué d'affinités plus faibles que le premier il en possède de beaucoup plus énergiques que le second. Les propriétés chimiques de ces trois corps présentent des ressemblances tellement considérables que de l'histoire de l'un on peut déduire celle des deux autres. On a trouvé par suite conforme à la saine philosophie de les placer dans un même groupe, d'en faire une famille naturelle.

TROISIÈME LEÇON.

THÉORIE DE LA COMBUSTION. NOMENCLATURE.

Expérience de Jean Rey. Idées de Becker sur la combustion. Théorie de Stahl. Phlogistique. Théorie de Lavoisier. Combustion vive et combustion lente. Respiration. Corps comburants et combustibles. — Nomenclature chimique. Nomenclature parlée. Manière de dénommer les corps simples. Métalloïdes et métaux. Manière de dénommer les corps composés. Division de ces derniers en trois groupes. Acides, bases et corps neutres. Nomenclature écrite ou symbolique.

THÉORIE DE LA COMBUSTION.

On peut faire remonter les premières observations relatives à la combustion vers la fin du quinzième siècle. On les trouve consignées dans un travail intéressant d'Eck de Sultzback. Un siècle plus tard, Jean Rey, médecin périgourdin, remit en lumière les résultats annoncés par son devancier, et, dans un opuscule plein d'intérêt qui date de 1530, donna des détails circonstanciés sur la calcination du plomb et de l'étain à l'air. Il y établit de la manière la plus précise l'augmentation de poids de ces derniers, qui, dans ces circonstances, se changent en des substances dépourvues d'éclat qu'on désignait sous le nom de *chaux métalliques*. Seulement Jean Rey pensait que l'air était absorbé tout entier, tandis que John Mayow attribuait ce phénomène à l'absorption par le métal de la partie la plus active, la plus subtile de l'air. Il découlait naturellement de ces observations que la combustion des métaux était le résultat de la fixation d'un gaz et la formation d'un composé dénué de tout éclat.

Les choses en étaient là, lorsqu'au commencement du dix-huitième siècle, un chimiste allemand, nommé Becker, abandonnant la voie de l'expérience pour se jeter dans la spéculation pure, attribua le phénomène de la combustion au dégagement d'une substance volatile qui s'échapperait de tous les corps combustibles lorsqu'ils brûlent.

Son élève, Georges-Ernest Stahl, développa cette idée d'une manière fort remarquable, et désigna cette substance sous le nom de *phlogistique*. D'après lui, tous les corps combustibles seraient composés de phlogistique et d'un radical particulier non combustible. Ainsi, dans cette hypothèse, le fer serait composé de phlogistique et d'oxyde de fer (*chaux de fer*). Par suite, en brûlant, le fer laisserait un résidu d'oxyde sous la forme d'une substance terne de couleur brunâtre.

Un métal serait donc une combinaison de chaux métallique et de phlogistique; par contre, un oxyde serait un métal déphlogistiqué.

Pour ramener un oxyde à l'état métallique, il suffit alors de le chauffer avec un corps riche en phlogistique, capable par conséquent de lui en fournir. De là la nécessité pour réduire les oxydes de les chauffer avec du charbon ou de l'hydrogène, substances qui, dans l'opinion de Stahl, étaient très riches en phlogistique. Pour Stahl, cet être insaisissable était la matière même du feu. Se trouve-t-il à l'état de combinaison, il est insensible à nos organes, ainsi qu'au thermomètre. Se sépare-t-il, sous l'influence de l'air, du corps dont il faisait partie, il nous devient sensible en produisant le double phénomène de chaleur et de lumière qui constitue le feu.

Stahl, distinguant parfaitement l'incandescence de la combustion, reconnaissait donc l'intervention de l'air comme indispensable dans la production de ce dernier phénomène; mais il jouait, suivant lui, un rôle purement mécanique, il communiquait par le choc un mouvement si rapide au phlogistique, que celui-ci, se trouvant débarrassé de toute entrave, se dégageait à l'état de feu; ce dernier persistant pendant tout le temps que les molécules de phlogistique restaient animées d'un mouvement de rotation suffisamment rapide.

Cette hypothèse fort ingénieuse, et qui présente, il faut l'avouer, quelque chose de séduisant, mais dans laquelle la notion de poids était entièrement mise de côté, fut adoptée par la plupart des chimistes de ce temps. Plusieurs d'entre eux et des plus éminents la défendirent même avec acharnement au moment de sa chute.

Près de cinquante ans après que Stahl eut formulé sa théorie, Bayen fit voir qu'elle était impuissante à expliquer la décomposition de la chaux mercurielle, que la chaleur seule suffit à réduire. D'après ce savant, la transformation du mercure en chaux (oxyde de mercure) ne proviendrait pas d'une perte de phlogistique, mais bien de l'union du métal avec l'air, dont le poids, ajouté à celui de ce métal, constituait l'augmentation accusée par la balance.

C'était un retour aux idées de Jean Rey. Mais il était réservé à Lavoisier de renverser à jamais cette théorie, qui ne reposait sur aucun fait réel, et de l'abattre d'une manière si complète qu'elle ne pût se relever. Ayant chauffé du plomb et de l'étain dans des ballons scellés à la lampe, il vit ces métaux perdre leur éclat et se recouvrir d'une poussière jaunâtre. Le poids des ballons n'avait pas varié; mais, en brisant leur pointe, de l'air y pénétra subitement, par suite du vide qui s'y était produit, et il constata une augmentation de poids. Le mercure, placé dans les mêmes circonstances, augmentait pareillement de poids. En chauffant la chaux mercurielle obtenue, de l'oxygène se dégageait, et l'on obtenait du mercure pur. Enfin, en ajoutant au poids du mercure celui de l'oxygène, on reproduisait le poids de la chaux mercurielle.

Le phénomène de la combustion n'était donc pas dû, comme le pensait Stahl, à la séparation d'un principe particulier, mais bien à la fixation de l'oxygène. Le charbon, le soufre, le phosphore, le fer brûlaient dans l'oxygène, par suite de la combinaison qu'ils contractaient avec lui. L'union du corps mis en présence de l'oxygène s'effectue-t-elle rapidement, il y a dégagement de chaleur et de lumière; se produit-elle plus lentement, on ne constate plus qu'un développement de chaleur; on n'en observe même plus du tout si la combinaison exige pour se produire un temps considérable.

Le fer, qui brûle avec éclat dans l'oxygène, produit une chaleur que personne ne voudrait nier; mais il faut une certaine réflexion pour s'apercevoir qu'un poids égal de ce métal, qui se rouille à l'air, en dégage tout autant, quoique sa température ne varie pas sensiblement.

Le phosphore enflammé produit en brûlant une énorme quantité de chaleur, personne n'en doute; le phosphore brûle également à froid dans l'air, et cependant la chaleur qu'il développe en cette circonstance a été longtemps contestée.

Il en est ainsi des animaux; ceux qu'on appelle à *sang chaud* brûlent beaucoup de charbon dans un temps donné et conservent un excès de chaleur sensible sur les corps environnants. Ceux qu'on nomme à *sang froid* brûlent beaucoup moins de charbon et conservent par suite un excès de chaleur tellement faible qu'il devient difficile, pour ne pas dire impossible, de pouvoir le constater.

Ainsi tout animal brûle du charbon et produit de l'acide carbonique, brûle de l'hydrogène et produit de l'eau, en développant de la chaleur que toute combustion de carbone et d'hydrogène détermine.

Ainsi le phénomène de la combustion n'est en définitive que le résultat de la combinaison de deux corps doués d'affinités mutuelles plus ou moins puissantes.

Les affinités qui les sollicitent sont-elles très-énergiques, la combinaison est accompagnée d'un dégagement de chaleur et de lumière très-intenses; l'affinité réciproque des deux corps est-elle faible, ou la combinaison s'effectue-t-elle dans des conditions où elle ne peut se produire qu'avec une très-grande lenteur, non-seulement aucun phénomène lumineux ne se manifeste, mais on ne perçoit qu'une augmentation de chaleur à peine sensible.

Le phosphore et le fer nous ont fourni, relativement à leur contact avec l'oxygène, des exemples frappants de ces deux modes d'action, produisant dans le premier cas un dégagement de chaleur considérable, tandis que dans le second cette manifestation est à peine perceptible.

Qu'on introduise quelques centimètres cubes d'alcool dans une capsule et qu'on approche de la surface de ce liquide un corps enflammé, cet alcool disparaîtra promptement, en donnant une flamme bleuâtre, et l'on pourra facilement constater qu'il a produit de l'acide carbonique et de l'eau, en développant une grande quantité de chaleur. Abandonne-t-on ce même alcool sous une cloche remplie d'air à côté d'un verre de montre renfermant du platine très-divisé connu sous le nom de *noir de platine*, et cet alcool brûlant lentement, sans flamme, se convertira finalement à une substance acide qui n'est autre que l'acide acétique, *le vinaigre*. C'est un phénomène tout semblable qui se produit lorsqu'on laisse du vin en vidange dans une bouteille; l'alcool contenu dans le vin se brûle lentement aux dépens de la matière azotée que ce vin renferme et finit par se changer en vinaigre, la matière azotée jouant ici le même rôle que le noir de platine.

Au phénomène de la combustion lente, sur lequel je viens d'attirer votre attention, vient se rattacher la respiration des différents animaux. Ceux-ci placés dans l'air empruntent, en effet, de l'oxygène à ce fluide et lui rendent à la place de l'acide carbonique et de la vapeur aqueuse.

Telle est l'expression du phénomène final; mais les choses se passent-elles en réalité d'une manière aussi simple, c'est ce que nous allons examiner très brièvement.

Tous les êtres vivants ont besoin de respirer pour vivre. Mais puisque nous rencontrons dans la nature des espèces si différentes, soit par leur organisation, soit par le milieu qu'elles habitent, nous ne devons pas nous étonner de trouver des variations considérables dans le mécanisme, dans la disposition des organes qui concourent au phénomène général de la respiration.

Et d'abord, chez les animaux de petite taille qui fréquentent des lieux humides nous ne voyons aucun appareil spécial destiné à faciliter l'échange respiratoire. C'est la peau tout entière qui, fine et riche en vaisseaux sanguins, absorbe l'oxygène de l'air et rejette l'acide carbonique : c'est ce que les naturalistes appellent la *respiration cutanée*.

Un second mode de respiration nous est offert par les insectes. Chez eux l'air pénètre, non-seulement dans un organe bien délimité, mais dans des canaux extrêmement déliés dont les nombreuses ramifications sillonnent le corps tout entier. C'est la *respiration trachéenne*, du nom de ces canaux appelés *trachées*.

Les animaux vertébrés peuvent se diviser en deux classes, quant au phénomène qui nous occupe, suivant qu'ils respirent l'air atmosphérique ou bien l'air dissous dans l'eau. Chez ceux-ci l'appareil spécialement destiné à absorber l'oxygène est extérieur et porte le nom de *branchies*.

Chez les premiers ce sont les *poumons*, organes creux et cachés à l'intérieur, au sein desquels l'air pénètre et dont les parois extrêmement minces sont parcourues de nombreux vaisseaux sanguins, qui sont le siége de la respiration.

Nous voyons donc que tous les organes propres à la respiration sont abondamment pourvus de sang. Celui-ci, constamment renouvelé, absorbe l'oxygène de l'air, le charrie avec lui jusque dans les tissus les plus éloignés, s'en débarrasse et reçoit en échange l'acide carbonique, produit de la combustion de ces mêmes tissus par l'oxygène antérieurement apporté. Mais ces deux gaz, oxygène et acide carbonique, ne sont pas simplement dissous dans le sang : ils s'y trouvent à l'état de combinaison chimique, importante découverte que nous devons à M. Fernet. L'acide carbonique se combine avec les carbonates contenus dans le sang pour donner des bicarbonates qui se décomposent dans le poumon et rejettent l'acide carbonique absorbé, en repassant à l'état de carbonates.

Voyons maintenant ce que devient l'oxygène. On trouve dans le sang de tous les animaux, soit en dissolution chez les êtres inférieurs, soit dans de petits corps répandus en si grande abondance dans le sang qu'on les évalue chez l'homme à 60 billions, une substance fort curieuse, l'*hématocristalline*. C'est elle qui, extrêmement avide d'oxygène, donne, en s'y combinant, à ces petits corps appelés globules du sang la belle couleur rouge qui fait distinguer le sang artériel (sang chargé d'oxygène) du sang veineux (sang chargé d'acide carbonique). A chaque inspiration, l'air qui entre dans les poumons abandonne son oxygène à l'hématocristalline du sang qui à son tour le transporte à toutes les extrémités du corps et en rapporte de l'acide carbonique qui est rejeté dans l'atmosphère.

Cet échange incessant, condition et conséquence à la fois des manifestations vitales, constitue le phénomène de la *respiration.*

Lorsque nous chauffons au milieu de l'air ou mieux de l'oxygène pur un corps solide incapable de fondre, de se gazéifier ou de fournir par sa décomposition des produits gazeux, celui-ci, s'il est très-avide d'oxygène, développe par son union avec ce gaz une chaleur très-intense qui se traduit bientôt à nos yeux par une lumière d'un blanc éblouissant.

Remplaçons-nous le corps solide, du charbon par exemple, par un gaz tel que l'hydrogène, nous n'observerons pas de lumière perceptible et cependant la température qui se développe dans cette circonstance, bien supérieure à celle que produit la combustion du charbon, est telle qu'elle opère la fusion des corps les plus réfractaires.

La propriété de développer de la chaleur, celle de produire de la lumière, tiennent donc à des causes différentes. C'est une question que nous traiterons avec quelques développements lorsque nous aborderons l'étude des carbures d'hydrogène et par suite celle de l'éclairage.

Le chlore, dans son contact avec les corps, nous présente des résultats entièrement comparables à ceux que vient de nous offrir l'oxygène. Projette-t-on de l'arsenic ou de l'antimoine en poudre dans un flacon rempli de chlore, chaque parcelle de la substance brûlera comme le fer ou le phosphore chauffé dans l'oxygène avec une vive incandescence, donnant naissance à des chlorures d'arsenic ou d'antimoine. Place-t-on des feuilles d'or ou de platine dans une solution aqueuse de chlore, ces métaux disparaîtront graduellement sans qu'on puisse observer un dégagement de chaleur appréciable. C'est un phénomène de combustion lente, qui se produit en cette circonstance, phénomène entièrement semblable à celui qu'on observe dans la formation de la rouille et de l'acide phosphoreux. Le brôme, l'iode et le soufre nous fourniraient des résultats analogues.

Ce chlore qui, par son union rapide ou lente avec les corps qu'on lui présente, reproduit une série de phénomènes exactement semblables à ceux que manifeste l'oxygène, peut, en raison de l'action décomposante qu'il exerce sur l'eau, donner naissance à des oxydations indirectes par suite de la mise en liberté de son oxygène et provoquer des phénomènes de combustion lente dont les arts tirent un très-grand parti.

Lorsqu'une matière organique quelconque, soustraite à l'action vitale, est abandonnée pendant quelque temps au contact de l'atmosphère, elle disparaît graduellement, laissant un résidu plus ou moins abondant de matière minérale. L'hydrogène, le carbone, l'azote, qui constituent cette substance, ont été brûlés par l'oxygène de l'air, disparaissant sous forme d'eau, d'acide carbonique, d'ammoniaque, tandis que les éléments minéraux qui entraient dans sa composition restent finalement sous forme de cendres. Ce résultat, vous pouvez le constater en suivant pas à pas le phénomène que présentent les feuilles qui jonchent le sol à l'arrière-saison. De jaunes qu'elles étaient d'abord, elles deviennent brunes, se transforment progressivement en terreau, qui finirait par disparaître à son tour au bout d'un temps suffisamment long. Si ces mêmes feuilles, au lieu d'être abandonnées au contact de l'air à la température ordinaire, eussent été jetées dans un foyer, elles auraient disparu promptement, cette combustion ne différant de la précédente qu'en ce qu'elle eût été plus rapide.

Or, ce que l'oxygène atmosphérique n'opère qu'avec une excessive lenteur, l'oxygène naissant, résultant de la décomposition de l'eau sous l'influence du chlore, le produit avec une rapidité beaucoup plus grande, résultat qu'on peut mettre en évidence en abandonnant au contact de l'air une substance susceptible de se peroxyder, du protoxyde de fer hydraté par exemple. La transformation de ce produit en rouille exige un temps assez long pour s'effectuer à l'air, tandis qu'on la détermine immédiatement en faisant intervenir le chlore. On se rend ainsi nettement compte du parti qu'on peut tirer de l'emploi de ce corps pour le blanchiment des étoffes de nature végétale, l'oxygène naissant brûlant progressivement la matière colorante qui souille sa surface et qui présente une résistance beaucoup moindre que celle du tissu.

On ne saurait l'appliquer au même usage dans le cas des étoffes faites de matières animales, telles que la laine et la soie, ces substances éprouvant de la part du chlore une altération au moins aussi profonde que la matière colorante elle-même.

Il résulte de ce que nous venons de dire que les corps simples peuvent se partager en deux groupes. Les uns, tels que l'hydrogène, le charbon, le fer, qui sont susceptibles de brûler, ont reçu pour cette raison le nom de *corps com-*

bustibles; tandis que les seconds, qui, tels que l'oxygène, le chlore, le brôme, etc..., jouissent de la propriété de faire brûler les premiers, sont désignés sous le nom de *corps comburants.* Ainsi la combustion nous apparaît sous une forme parfaitement simple.

NOMENCLATURE CHIMIQUE.

Dans la préparation de l'oxygène et du chlore nous avons fait intervenir des noms qui vous ont sans doute paru bizarres, tels que ceux de peroxyde de manganèse, de chlorate de potasse, d'acide chlorhydrique, etc. Il est donc important qu'avant de pénétrer plus avant dans l'étude des corps simples et de leurs combinaisons, nous établissions les règles de la *nomenclature chimique.*

L'étude des phénomènes de la combustion à laquelle nous venons de nous livrer, nous met à même de traiter cette importante question. Elle nous permet de nous entendre sur la manière de nommer les combinaisons, de poser quelques règles générales et pratiques, d'établir quelques conventions de langage, à l'aide desquelles les chimistes nomment et représentent les divers corps; elle nous conduit, en un mot, à apprendre la langue de la chimie.

Cette langue, cette nomenclature est d'origine française. Elle a été créée, en 1783, par une commission de l'Académie des sciences, composée de Lavoisier, de Berthollet et de Fourcroy, de concert avec Guyton de Morveau. Elle est, dans ses points fondamentaux, acceptée par les savants de tous les pays. C'est Lavoisier qui en est pour ainsi dire l'auteur, c'est lui qui fut le rapporteur de la commission, aussi dit-on avec raison que c'est la nomenclature de Lavoisier.

Il existe des végétaux auxquels on donne le nom de lichens et dont plusieurs espèces, connues sous le nom d'*orseille*, sont employées dans la teinture. L'un de ces lichens, appelé le tournesol, soumis à certaines manipulations, fournit une liqueur bleue qui constitue un réactif dont nous allons faire un fréquent usage sous le nom de *teinture de tournesol*.

Afin de vous montrer immédiatement son emploi, versons ce liquide dans les flacons où le charbon, le soufre et le phosphore brûlaient il y a quelques instants dans le gaz oxygène : cette teinture se colore en rouge. Si l'on approche de ses lèvres une baguette qui a trempé dans l'eau qui est au fond de ces flacons, on ressent une saveur acerbe analogue à celle du vinaigre. On désigne sous le nom générique d'*acides* les corps qui jouissent de cette double propriété, et nous avons : l'acide du charbon ou l'acide carbonique, l'acide du soufre ou l'acide sulfureux, l'acide du phosphore ou l'acide phosphorique.

En conséquence, lorsqu'on veut dénommer un acide formé par l'union d'un corps avec l'oxygène, on fait abstraction du nom de ce dernier, et l'on place après le mot *acide*, le nom du corps qui s'est uni à l'oxygène en le terminant par la désinence *ique* ou par la désinence *eux*.

Pourquoi fait-on varier cette terminaison? et dans quel cas emploie-t-on l'une ou l'autre? On fait usage de plusieurs terminaisons, parce que la plupart des corps fournissent avec l'oxygène plusieurs acides. On est alors convenu, lorsqu'une substance en forme deux, de distinguer l'acide le plus oxygéné par la désinence *ique*, et de désigner par la terminaison *eux* celui qui renferme la moindre proportion d'oxygène.

Le nom d'acide *sulfureux* signifie que l'acide produit dans la combustion du soufre par l'oxygène n'est pas le plus oxygéné. Il existe, en réalité, un acide du soufre plus oxygéné, c'est l'acide sulfurique.

Au contraire, les noms d'acide carbonique et d'acide phosphorique signifient à notre esprit que ce sont parmi les composés du carbone et de l'oxygène, du phosphore et de l'oxygène, ceux qui contiennent la plus grande quantité d'oxygène.

Bornons-nous pour le moment à poser ce principe général, et laissons aux faits que nous rencontrerons le soin de nous éclairer sur certains points de détail dont l'énoncé compliquerait sans nécessité les règles de la nomenclature.

La teinture de tournesol ne fournit pas seulement le moyen de distinguer les acides, elle permet encore de reconnaître si tel acide est énergique ou s'il est faible. Versons dans de la teinture de tournesol une goutte aussi petite que possible d'acide sulfurique, la liqueur se colore aussitôt en rouge, et elle prend une nuance jaunâtre qui se rapproche de la teinte de la peau de l'oignon : on reconnaît un acide fort à ce qu'il communique à la teinture du tournesol la couleur *pelure d'oignon*. L'acide phosphorique produit tout à l'heure sous vos yeux, est un acide énergique et par suite se comporte de la même manière que l'acide sulfurique. Regardez, au contraire, la nuance qu'a prise le tournesol au contact de l'acide carbonique; elle ressemble à celle d'un vin léger. Tous les acides peu énergiques se comportent de cette façon, et l'on dit qu'un acide est faible quand il donne à l'infusion du tournesol la couleur *rouge vineux*.

Lorsqu'on examine les matières qui forment par leur union avec l'oxygène des substances acides, on observe que ce sont en général des corps ternes comme le charbon, le soufre et le phosphore, des corps mauvais conducteurs de la chaleur et de l'électricité : on désigne ces corps sous le nom de *métalloïdes*. Comme tous les efforts tentés en vue de retirer du charbon, du soufre, du phosphore, une autre matière que le charbon, le soufre ou le phosphore ont échoué, nous exprimons ce fait en disant que ces matières sont des corps *simples* ou des *éléments*, ou plus simplement que ce sont des corps *indécomposables*; il peut arriver, en effet, que tel ou tel de ces corps qui a résisté aux moyens de décomposition connus aujourd'hui se scinde en plusieurs autres en présence d'agents plus énergiques. Le nombre des métalloïdes connus jusqu'à ce jour est de 15. Voici leurs noms par ordre alphabétique :

Antimoine	Carbone	Phosphore
Arsenic	Chlore	Sélenium
Azote	Fluor	Silicium
Bore	Iode	Soufre
Brôme	Oxygène	Tellure.

Essayons maintenant l'action de la teinture de tournesol sur la matière qui s'est formée dans la combustion du potassium au moyen de l'oxygène. A cet effet, prenons avec une baguette de verre un peu de la substance blanche qui est dans la coupelle en terre où nous avions placé le potassium, et agitons l'infusion du tournesol avec cette matière. La couleur de ce réactif n'en est nullement altérée; donc le produit de la combustion du potassium par l'oxygène n'est pas un acide. Loin de là, ce corps est une substance antagoniste des acides; en effet, si nous versons sur ce produit de la teinture de tournesol préalablement rougie par un acide, la couleur violacée primitive reparaît.

On désigne ces matières par le nom d'*alcalis,* ou d'une façon plus générale par celui de *bases.* Les bases jouissent d'une autre propriété tout aussi facile à constater : elles verdissent la couleur de la violette ou le sirop obtenu avec cette fleur. Les acides réagissent aussi sur la matière colorante de la violette, mais ils produisent une coloration rouge, et, par conséquent, le sirop de violettes offre un second moyen de distinguer les acides et les bases.

Si nous versons du sirop de violettes sur la substance blanche produite dans la combustion du magnésium, et qui est vulgairement connue sous le nom de magnésie, la teinte de ce réactif verdit : ce qui montre que la combinaison du magnésium avec l'oxygène jouit des propriétés basiques comme celle du potassium et de l'oxygène. Il en serait de même du composé que le calcium forme avec l'oxygène, qui est plus connu sous le nom de chaux, et de ceux que l'argent, le cuivre, le plomb, etc., fournissent avec ce même gaz.

Lorsqu'on observe quels sont les corps qui donnent par leur union avec l'oxygène des substances basiques, on voit que ce sont des matières brillantes, s'échauffant rapidement au contact des corps chauds, conduisant bien l'électricité, des matières connues sous le nom général de *métaux*. La remarque sur laquelle nous avons insisté lorsque nous avons établi ce qu'il fallait entendre par le mot de *métalloïde*, s'applique aux métaux; ce sont des corps indécomposables, et nous les désignons par les expressions de corps simples ou d'éléments.

Le nombre des métaux connus aujourd'hui est de quarante-sept; nous allons inscrire ici leurs noms par ordre alphabétique.

Aluminium
Argent
Barium
Bismuth
Cadmium
Cœsium
Calcium
Cérium
Chrôme
Cobalt
Cuivre
Didyme
Erbium
Étain
Fer
Glucinium
Hydrogène

Ilménium
Indium
Iridium
Lanthane
Lithium
Magnésium
Manganèse
Mercure
Molybdène
Nickel
Niobium
Or
Osmium
Palladium
Pélopium
Platine
Plomb

Potassium
Rhodium
Rubidium
Ruthénium
Sodium
Strontium
Tantale
Terbium
Thorium
Titane
Tungstène
Uranium
Vanadium
Ytfrium
Zinc
Zirconium.

Les corps simples isolés aujourd'hui sont donc au nombre de soixante-cinq.

Nous classerons les diverses substances connues en corps simples et en corps composés, et parmi les premiers nous distinguerons ceux qui sont brillants, qu'on appelle les métaux, et ceux qui sont ternes, qu'on nomme les métalloïdes. Nous retiendrons enfin — et ce sera la meilleure définition — que les métalloïdes sont des corps simples qui fournissent des acides en s'unissant avec l'oxygène, et que les métaux sont ceux qui donnent des bases par leur action sur le même gaz.

Les corps simples, en se combinant avec l'oxygène, ne donnent pas seulement des composés acides ou basiques; ils fournissent aussi des substances qui ne sont douées ni de la réaction des acides, ni de celle des bases, et qui doivent à leur résistance aux actions chimiques le nom de corps *indifférents* ou *neutres*.

La manière de dénommer les acides nous est connue; établissons maintenant la nomenclature des bases et des composés oxygénés neutres.

Cette nomenclature est la même pour ces deux classes de corps. Elle est éminemment rationnelle; car non-seulement elle exprime quel est celui des composés formés par l'oxygène et un corps donné qui est le plus ou le moins riche en oxygène, mais elle fait connaître le rapport des poids de cet élément qui entre dans ces divers composés.

On désigne par le nom général d'*oxydes* les combinaisons basiques ou neutres qu'un corps forme avec l'oxygène. Nous établirons bientôt par l'expérience que les corps ne se combinent pas en un grand nombre de proportions, et que si l'on prend une quantité constante d'un des deux corps qui se combinent, les proportions de l'autre qui entrent dans les divers composés de ces deux corps sont entre elles comme les nombres les plus simples, savoir :

comme 1, 2, $1\frac{1}{2}$, 3, 5.

Nous appellerons *protoxyde* la combinaison basique ou neutre la moins oxygénée qu'un corps puisse former. Cette préfixe, *proto*, dérive d'un mot grec qui signifie premier ; c'est la première combinaison, la plus simple.

On appellera *bioxyde* le composé d'oxygène et de ce même corps contenant deux fois plus d'oxygène.

Soit, par exemple, le manganèse, métal dont les oxydes sont intervenus dans la préparation de l'oxygène et du chlore. Les mots :

protoxyde de manganèse

signifient que nous entendons parler d'un composé renfermant

l'oxygène
et le manganèse ;

mais ils expriment en outre que c'est le composé de ces divers corps qui est le moins riche en oxygène.

L'expression

bioxyde de manganèse

peint à notre esprit cette idée que ce composé d'oxygène et de manganèse contient deux fois plus d'oxygène que le protoxyde du même métal. On désigne quelquefois ce second oxyde par le nom de

peroxyde de manganèse,

parce qu'il est, des divers oxydes du manganèse, celui qui contient le plus d'oxygène.

Le manganèse forme en outre avec l'oxygène une combinaison intermédiaire, car celle-ci renferme pour le même poids de manganèse une fois et demie autant d'oxygène que le protoxyde; on la représente par le nom de

sesquioxyde de manganèse,

le mot *sesqui* signifiant dans la langue latine *un et demi.*

Ainsi, voilà des caractères bien clairs pour reconnaître les acides, les bases et les corps neutres, et voilà des règles précises pour les nommer. Dans la pratique on remplace la teinture de tournesol ou la solution de cette teinture rougie par un acide par du papier ordinaire que l'on a immergé dans ces liqueurs, et que l'on a laissé sécher. Ces papiers ont la teinte de ces solutions et sont presque exclusivement employés. Demandons-nous maintenant ce qui se passera quand nous mettrons en présence un acide avec une base? Ces corps doués d'activités opposées resteront-ils côte à côte sans réagir, se réduiront-ils en leurs éléments, ou formeront-ils un corps plus complexe résultant de leur union?

Cette dernière hypothèse se réalisera; les acides et les bases ont la propriété de s'unir chimiquement, de se combiner; et, disons-le de suite, car c'est une règle générale en chimie: plus deux corps ont des propriétés différentes, plus leur aptitude à la combinaison est grande, plus leur *affinité* est considérable, pour nous servir de l'expression consacrée. Ce ne sont pas les corps semblables qui tendent à se combiner, ce sont les substances dissemblables; l'union d'un métalloïde avec un autre, ou de deux métaux, est le plus souvent lente, le composé produit est peu stable, tandis que la combinaison d'un métalloïde et d'un métal est énergique, souvent violente. Pareillement la combinaison d'un acide et d'une base est d'autant plus active, que l'acide et la base sont doués d'une réaction plus forte. Un autre résultat est important à noter aussi : Le composé formé ressemble d'autant moins aux corps qui servent à le produire que ceux-ci sont plus différents l'un de l'autre.

Voici, en effet, un acide puissant, le plus énergique de tous, l'acide sulfurique; voilà, d'autre part, l'oxyde du potassium ou potasse, la plus forte des bases. Leur action sur le tournesol est opposée et des plus saillantes; ce sont deux poisons violents. Mêlons ces deux corps en proportions convenables : il se dégage de la chaleur, ce qui démontre l'énergie de la réaction. Versons du tournesol dans la liqueur obtenue : la teinte n'est pas altérée; donc la réaction acide a disparu. Ajoutons-y du tournesol antérieurement rougi par un acide : sa couleur ne varie pas davantage; par conséquent la réaction basique a masqué la réaction acide. Le corps produit peut être considéré comme formé par l'union des éléments de l'acide et de la base qui se sont *saturés*, *neutralisés*. On appelle ce genre de composés des *sels*, et l'on dit qu'il s'est produit dans ce cas un sel *neutre*.

La différence entre l'acide et la base d'une part, et le sel d'un autre, est profonde, car le composé formé par ces deux poisons est inoffensif, il pourrait être ingéré dans le corps sans plus de danger que le sel ordinaire qui est lui-même un sel comme son nom le démontre.

Tout autre acide se fût comporté d'une façon analogue; voyons alors comment on représente dans le langage chimique cette nouvelle classe de composés, comment on dénomme les sels.

On suppose avec Lavoisier que l'acide et la base se sont rapprochés sans se confondre, et que le sel renferme toujours de l'acide et de la base, et alors on emploie une nomenclature qui rappelle l'existence dans le sel de ces deux principes.

On prend le nom de l'acide; si ce nom est terminé par la désinence *ique* on la remplace par la désinence *ate.*

Ainsi, la combinaison que nous venons de réaliser avec l'acide sulfurique et l'oxyde de potassium prend le nom de

Sulfate d'oxyde de potassium

ou de

Sulfate de potasse.

L'expression

Azotate d'oxide de zinc

se comprend alors; elle signifie que l'on parle d'un sel formé par un acide,

l'acide azotique,

et par une base,

l'oxyde de zinc.

La longueur de cette désignation fait d'ordinaire supprimer le mot

oxyde;

et l'on dit :

azotate de zinc.

Mais il ne faut pas oublier que c'est l'oxyde de zinc et non pas le zinc qui forme la base de ce sel.

Lorsque le nom de l'acide est terminé par la désinence *eux*, on la remplace par la désinence *ite*.

Chlorite de plomb

signifie le sel formé par l'acide chloreux et par l'oxyde de plomb.

Il est des sels qui pour la même quantité de base que le sel *neutre* renferment deux fois plus d'acide : on les désigne alors sous le nom de sels acides.

Le mot

bisulfate de potasse

exprime que ce sel résulte de l'union de l'acide sulfurique et de la potasse et qu'il renferme deux fois plus d'acide sulfurique que le sel neutre.

L'expression

acétate tribasique de plomb

se comprend tout aussi bien. Elle signifie que ce sel formé par l'union de l'acide acétique avec l'oxyde de plomb renferme trois fois autant d'oxyde de plomb que

l'acétate neutre de plomb.

A l'époque où Lavoisier créa la nomenclature, il venait d'établir le rôle considérable que l'oxygène joue dans la combustion, dans la respiration, et de démontrer que non-seulement ce gaz existe dans l'air et dans l'eau mais qu'il intervient dans la plupart des phénomènes naturels. On crut alors que l'oxygène était un corps à part, et on en conclut que ses composés devaient avoir des dénominations spéciales, afin qu'on pût toujours les distinguer, les reconnaître au milieu des autres composés.

Nous vous avons je crois suffisamment démontré que ces idées sont exagerées, et que le chlore, le brôme, le soufre, etc., se comportaient à la manière de l'oxygène, qu'ils appartenaient à une classe de corps dont les caractères principaux sont communs et qui n'offrent de différences que dans les propriétés de détail, qu'il n'y avait en un mot aucune raison sérieuse pour séparer l'oxygène des autres corps. Néanmoins, on a conservé la distinction établie par Lavoisier dans la nomenclature des composés formés par l'oxygène et de ceux qui ne renferment pas ce corps simple. D'ailleurs cette distinction n'amène pas une complication bien grande dans la langue chimique comme vous allez en juger.

Le chlore, avons-nous établi, fait brûler l'antimoine, le phosphore, le cuivre; pour dénommer ces composés on commence par prendre le nom du corps comburant, on le fait suivre de la désinence *ure*, puis on ajoute le nom du corps brûlé.

Les expressions

chlorure d'antimoine,
chlorure de phosphore,
chlorure de cuivre,

signifient que ces composés renferment deux corps simples, et que de ces deux éléments c'est le chlore qui est le principe analogue à l'oxygène, le principe comburant.

L'iodure de plomb,

le sulfure de zinc

sont des composés binaires dans lesquels l'iode et le soufre sont les représentants de l'oxygène.

Lorsqu'un même corps forme avec le chlore l'iode, le soufre et les autres corps comburants plusieurs composés, on emploie, comme pour les oxydes, les préfixes *proto*, *bi*, *tri*, *sesqui*.

Le protosulfure de fer

est le composé de soufre et de fer le moins sulfuré.

Le bisulfure de fer

renferme pour le même poids de fer, deux fois autant de soufre que le précédent.

Le sesquisulfure de fer

est un sulfure de ce métal contenant une fois et demie autant de soufre que le premier.

Le chlore, le brôme, l'iode, le soufre forment avec l'hydrogène des combinaisons acides; au lieu de leur donner les noms de *chlorure, bromurre, iodure* d'hydrogène on dit :

Acide chlorhydrique,

Acide bromhydrique,

Acide iodhydrique,

Acide sulfhydrique.

Vous avez pu remarquer que toutes les fois que nous avons écrit sur le tableau le nom des corps simples, nous avons ajouté après chacun une lettre ou deux ; c'est là une nouvelle abréviation très-commode dans l'écriture et qui se comprend sans peine.

Au lieu d'écrire le mot

hydrogène

nous écrivons en majuscule la première lettre de ce mot,

H.

Ce symbole est synonyme du mot

hydrogène.

Il est clair qu'il y aura confusion possible si le nom de plusieurs corps simples commence par la même lettre, et c'est ce qui se présente dans la réalité. Dans ce cas on évite toute erreur en ajoutant à côté de cette lettre une minuscule prise parmi les premières lettres de ce mot.

Ainsi le	carbone	s'exprime par	C,
—	chlore	—	Cl,
—	cuivre	—	Cu.
—	calcium	—	Ca.

Pour représenter d'une façon abréviative les noms des composés on accole les symboles des corps simples dont ils sont formés.

Le protoxyde de plomb s'exprimera dès lors dans l'écriture symbolique par

PbO,

Le bioxyde de plomb, par

$$PbO^2,$$

le chlorure de zinc par

$$Zn\,Cl,$$

le protoxyde d'azote par

$$AzO,$$

le bioxyde par

$$AzO^2.$$

Vous voyez donc en somme qu'à l'aide de la nomenclature parlée nous pouvons dénommer de la manière la plus nette et la plus facile les différents corps simples, ainsi que les composés variés auxquels ils donnent naissance.

Au moyen de la nomenclature symbolique établie par Berzelius, on peut non-seulement indiquer abréviativement les noms des éléments qui entrent dans les combinaisons et la manière d'envisager leur réunion, mais de plus leurs quantités respectives.

Ces notions, quoique succinctes, sont suffisantes pour vous permettre de comprendre dans les leçons qui vont suivre les réactions qui naissent du contact des différentes substances mises en présence.

Quant aux composés de la nature organique qui se partagent également en trois grands groupes (acides, bases et corps neutres), on ne saurait établir, du moins à présent, de nomenclature rationnelle. Leur nombre est si considérable et s'accroît tellement de jour en jour, qu'il serait impossible d'employer à leur égard un système de dénomination méthodique. Leur étude serait donc devenue par suite inextricable, si l'on n'eût groupé les composés si divers en un certain nombre de séries, renfermant chacune les substances qui présentent les analogies les plus manifestes. Grâce à ce mode de classification, l'histoire des matières organiques peut être exposée tout aussi simplement et plus philosophiquement peut-être que celle des composés de la nature minérale.

QUATRIÈME LEÇON.

AZOTE. COMBINAISON DE L'AZOTE AVEC L'OXYGÈNE.

Examen des différents modes de préparation de l'azote. Méthode de Rutterford. — Emploi du phosphore, combustion vive. Préparation au moyen du cuivre chauffé au rouge; par la décomposition de l'ammoniaque au moyen du chlore. — Propriétés physique et chimique de l'azote. Rôle de ce gaz dans la végétation.. — Historique de la découverte de l'acide azotique. Modes de formation de l'acide azotique et des azotates dans la nature. Théorie de la nitrification. — Préparation de l'acide azotique. Action de la chaleur et de la lumière sur l'acide azotique. Action de l'acide azotique sur les corps simples. Métalloïdes. Métaux. Action de l'acide azotique sur les matières organiques. Acide azotique. Coton poudre ou pyroxyle. — Composition de l'acide azotique. Loi des proportions définies et multiples. — Protoxyde d'azote. Préparation. Propriété liquéfactive. Propriétés anesthésiques de ce corps. Application. — Bioxyde d'azote. Préparation. Action de l'oxygène sur le gaz. — Quelques mots des acides azoteux et hypoazotique.

AZOTE.

Le second principe de l'air, celui qui en forme la masse principale, l'azote nous arrêtera peu, considéré comme être simple ce gaz ne possédant en quelque sorte que des propriétés négatives.

C'est à Rutterford qu'on en doit la découverte :

Reconnu comme gaz distinct par ce savant en l'année 1772, il avait été longtemps avant cette époque indiqué par différents observateurs, mais on l'avait confondu constamment avec l'acide carbonique qui, comme lui, jouit de la propriété d'éteindre les corps en combustion et de faire périr par asphyxie les animaux qu'on y plonge.

Le procédé mis pour la première fois en œuvre par Rutterford consistait à faire séjourner sous une cloche remplie d'air un oiseau jusqu'à ce qu'il pérît asphyxié (fig. 17).

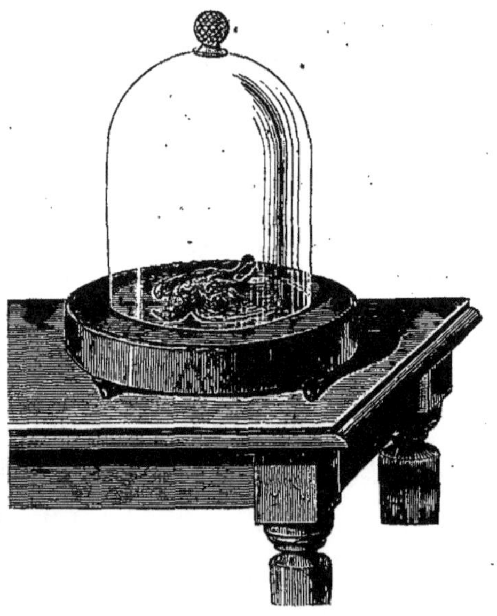

Fig. 17.

Le gaz contenu dans la cloche renferme alors tout l'azote de l'air employé, une portion de l'oxygène qui entrait dans sa composition et de l'acide carbonique produit par la respiration de l'animal. En agitant le gaz de la cloche, après la mort de cet animal, avec une substance alcaline telle qu'un lait de chaux ou une solution de potasse caustique on le dépouille de cet acide carbonique. Un second oiseau peut vivre un certain temps dans cette atmosphère ainsi purifiée, mais moins longtemps que dans l'air normal. Le gaz ayant été dépouillé de nouveau d'acide carbonique on y introduit un troisième oiseau, renouvelant ainsi l'expérience jusqu'à ce qu'un dernier placé sous la cloche y périsse presque à l'instant. Le gaz qui reste finalement après l'absorption complète de l'acide carbonique est de l'azote encore souillé d'une petite quantité d'oxygène.

Cette méthode longue et barbare ne fournissant en outre que de faibles quantités d'un gaz impur, on a pensé qu'on pourrait obtenir de meilleurs résultats en substituant à l'animal une substance inorganique douée d'une grande affinité pour l'oxygène. Bon nombre de métalloïdes et de métaux permettent d'atteindre ce but. Pendant longtemps on a donné la préférence au phosphore. On peut à cet effet employer la combustion lente ou la combustion vive de ce corps.

La première méthode qu'on applique en général dans des cas où l'on n'a besoin que de petites quantités d'azote consiste à introduire de longs bâtons de phosphore dans des flacons remplis d'air humide. En les y laissant séjourner jusqu'à ce qu'ils cessent de luire dans l'obscurité le gaz se trouve entièrement dépouillé d'oxygène et l'on n'a pour résidu que de l'azote saturé de vapeur d'eau dont on le débarrasse en le transvasant dans des flacons où l'on fait parvenir des fragments de chlorure de calcium, substance très-avide d'humidité.

Pour retirer l'azote de l'air au moyen de la combustion vive du phosphore on opère de la manière suivante (fig. 18) :

Fig. 18.

On dispose à la surface de l'eau d'une cuve un flotteur en liége percé en son centre d'un trou dans lequel on engage une capsule de porcelaine contenant quelques fragments de phosphore auxquels on met le feu. Dès que le phosphore est enflammé, le système est recouvert d'une cloche de verre de 8 à 10 litres de capacité qu'on enfonce dans l'eau de quelques centimètres. La combustion une fois commencée continue elle-même jusqu'à ce que l'atmosphère de la cloche soit presque entièrement dépouillée d'oxygène. Quant à l'acide phosphorique produit, il se dissout dans l'eau au fur et à mesure de sa production. Ce mode de préparation, outre qu'il ne permet d'obtenir qu'une quantité très-limitée d'azote ne fournit jamais de gaz pur. Ce dernier renferme en effet des traces d'oxygène que le phosphore n'a pas absorbé ainsi qu'une faible quantité d'acide carbonique contenu dans l'air employé. A l'aide de manipulations assez longues on peut se débarrasser de ces impuretés. A cet effet on introduit dans le gaz des bâtons de phosphore qui s'emparent des dernières traces d'oxygène. On y fait arriver ensuite quelques bulles de chlore qui s'unissant à la vapeur de phosphore engendrent une combinaison que l'eau détruit en formant deux composés solubles, l'acide phosphorique et l'acide chlorhydrique. Une solution de potasse avec laquelle on agite le gaz absorbe l'acide carbonique et l'excès de chlore. Enfin en abandonnant pendant plusieurs heures dans l'azote ainsi débarrassé des produits qui le souillaient des fragments de chlorure de calcium on en opère la dessiccation complète.

On obtient des proportions d'azote beaucoup plus considérables en mettant à profit l'affinité des métaux pour l'oxygène. Pour faire cette expérience on introduit de la tournure de cuivre dans un tube de porcelaine ou de verre peu fusible qu'on recouvre d'une feuille de clinquant pour empêcher sa déformation. On fait communiquer l'une des extrémités de ce tube avec un appareil destiné à produire un courant d'air qu'on dépouille préalablement d'acide carbonique (fig. 19) en le faisant passer à travers un tube en U renfermant des fragments de pierre ponce imbibée d'une dissolution de potasse caustique; un bouchon muni d'un tube à gaz qu'on adapte à l'autre

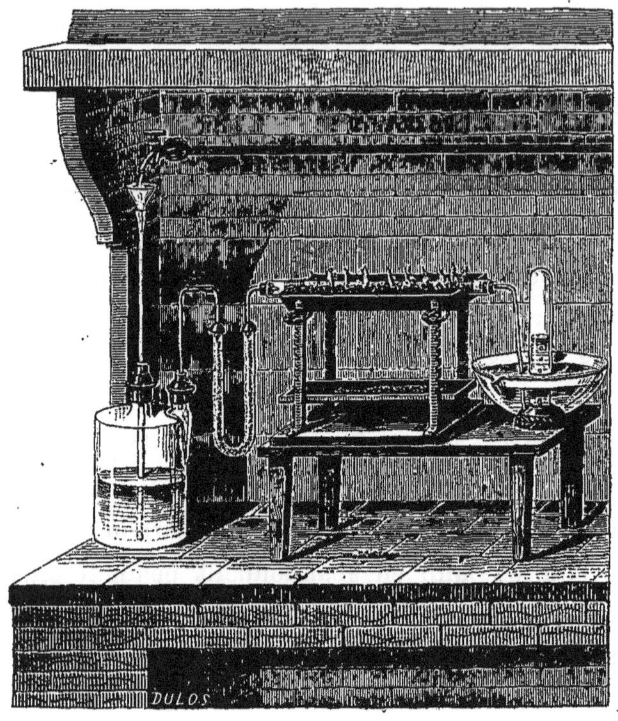

Fig. 19.

extrémité du tube de porcelaine ou de verre permet de recueillir le gaz dans des éprouvettes.

Ce procédé, d'une simplicité parfaite et que l'inspection de la figure précédente fait parfaitement comprendre, permet d'obtenir un courant continu d'azote parfaitement pur.

L'air n'est pas la seule substance qui permette d'obtenir de l'azote. On pourrait également retirer ce gaz de l'ammoniaque, combinaison définie d'azote et d'hydrogène. Il suffirait pour cela de faire agir sur ce composé du chlore qui possède une affinité considérable pour l'hydrogène, ainsi que nous l'avons constaté dans la leçon précédente. En effet, dirige-t-on un courant de chlore dans une dissolution aqueuse d'ammoniaque, ce gaz s'emparera de l'hydrogène pour former de l'acide chlorhydrique et par suite du chlorhydrate d'ammoniaque, tandis que l'azote deviendra libre.

Cette opération s'exécute d'une manière fort simple (fig. 20) en faisant communiquer un ballon d'où se dégage du chlore avec un flacon à deux tubulures renfermant une dissolution aqueuse d'ammoniaque; un tube recourbé adapté à la seconde tubulure permet de recueillir le gaz. Chaque bulle de chlore détermine le dégagement d'une bulle d'azote qu'on peut recueillir dans des éprouvettes remplies d'eau. Lorsqu'on fait usage de ce mode de préparation, il faut avoir soin de maintenir l'ammoniaque en excès afin d'éviter la production du chlorure d'azote, produit très-instable qui détone avec violence.

Préparé par l'une ou par l'autre de ces méthodes, l'azote est un gaz incolore, inodore et dépourvu de saveur. Il éteint les corps en combustion à la manière de l'hydrogène et de l'acide carbonique, mais il ne s'enflamme pas comme le premier et il ne précipite pas l'eau de chaux comme le second.

La densité de ce gaz, un peu plus faible que celle de l'air, est représentée par le nombre 0,972. Un litre de ce gaz pèse par conséquent 1 gr. 258.

L'eau pure ne dissout que de faibles proportions d'azote;

1000 litres d'eau ne dissolvent, en effet, que 25 litres de ce gaz.

Bien qu'il forme un grand nombre de combinaisons avec l'oxygène, il ne s'unit que très-difficilement avec ce gaz et dans des circonstances toutes particulières. Fait-on traver-

Fig. 20.

ser ces gaz humides par une série d'étincelles électriques, on observe bientôt la formation de l'acide azotique. Incapable de s'unir directement au gaz hydrogène, il s'y combine toutes les fois qu'il le rencontre à l'état naissant, et donne naissance à de l'ammoniaque.

Il peut former des combinaisons avec tous les corps

simples, mais la plupart ne peuvent s'obtenir que par des voies détournées; c'est pour cette raison que les chimistes considérèrent pendant longtemps l'azote comme se distinguant des autres gaz par ses caractères négatifs. Des expériences récentes de MM. H. Sainte-Claire Deville et Wohler ont modifié nos idées sur ce point, en démontrant que l'affinité de ce gaz pour le titane, le bore et le silicium, est au moins aussi considérable que celle de l'oxygène pour ces corps.

L'azote joue dans la nature un rôle des plus importants. Tout végétal fixe durant sa vie de l'azote, soit qu'il l'emprunte à l'atmosphère, soit qu'il le prenne aux engrais. Dans les deux cas, il n'utilise probablement cet azote qu'autant qu'il lui parvient sous une forme assimilable.

D'après M. Boussingault, certaines plantes, telles que les topinambours, emprunteraient, en effet, à l'air une grande quantité d'azote, tandis que d'autres, telles que le froment, tireraient directement cet élément des engrais. Les expériences importantes de M. Payen nous ont appris quel rôle jouait cet azote dans le développement de la plante, en établissant que ses divers organes, sans exception, commencent par être formés d'une matière azotée, à laquelle viennent s'associer successivement le tissu cellulaire, le tissu ligneux et le tissu amylacé.

Cet azote fixé par les plantes servirait à produire tout à la fois une substance fibrineuse concrète, rudiment de tous les organes du végétal, l'albumine liquide qu'on rencontre dans les sucs coagulables, ainsi qu'une matière analogue au caséum et confondue souvent avec l'albumine. Ces trois produits, qui possèdent une composition identique, présentent en outre une analogie considérable avec la cellulose, l'amidon et la dextrine, substances également isomères. En effet la fibrine est insoluble comme la matière ligneuse, l'albumine se coagule à chaud comme l'amidon, enfin le caseine est soluble comme la dextrine.

Ces matières azotées, neutres comme les trois dernières, qui sont exemptes d'azote, jouant, par leur abondance dans le règne animal, le même rôle que celles-ci nous offrent dans le règne végétal, seraient susceptibles d'en dériver, suivant un chimiste américain des plus distingués, M. Sterry-Hunt, par la fixation des éléments de l'ammoniaque et la séparation des éléments de l'eau.

Les plantes nous apparaissent donc comme le véritable laboratoire de la chimie organique élaborant aux dépens des substances contenues dans l'atmosphère, ces différents principes, qui sont transportés dans les animaux par l'acte de la digestion.

COMBINAISONS DE L'AZOTE AVEC L'OXYGÈNE.

L'étude de l'air nous a démontré que ce fluide était un simple mélange d'azote et d'oxygène dont la composition ne pouvait présenter de différence appréciable à l'analyse qu'au bout d'un grand nombre de siècles. Or nous verrons dans une prochaine leçon que l'eau, substance tout aussi indispensable que l'air à la vie de l'homme et des animaux, est une combinaison définie de ce même oxygène avec un nouveau principe l'hydrogène et vous pourrez alors établir la différence capitale qui existe entre le mélange et la combinaison chimique.

La question qui se pose maintenant est la suivante. L'azote est-il incapable de se combiner à l'oxygène? Est-il inhabile à s'unir chimiquement à l'oxygène? La combinaison de l'azote avec l'oxygène et avec l'hydrogène est difficile, mais elle est possible, et il nous reste pour compléter l'étude de ce métalloïde à faire connaître ces composés.

Fidèles au programme de cet enseignement, nous examinerons surtout deux de ces composés qui ont des applications importantes et que personne ne doit ignorer : l'acide azotique, plus connu sous le nom d'*eau-forte*, et l'ammoniaque, désignée vulgairement par le nom d'*alcali volatil*.

ACIDE AZOTIQUE OU NITRIQUE.

Au huitième siècle de notre ère, florissait une école qui a laissé sa trace dans l'histoire de la philosophie et de la science, l'école arabe; c'est à l'un des représentants les plus connus de cette école, à Geber, que l'on doit la première notion de cette substance. Il reconnut qu'une matière naturelle appelée le *nitre* est susceptible de fournir dans diverses circonstances un liquide doué de la faculté de dissoudre les métaux, et il le désigna sous le nom d'eau dissolvante. A la fin du douzième siècle, un alchimiste célèbre, Albert le Grand, en décrivit les principales propriétés, et montra notamment que ce corps permet de séparer l'or de l'argent, parce qu'il dissout le second de ces métaux et qu'il laisse le premier tout à fait intact. Quelques années plus tard, en 1235, Raymond Lulle apprit à le préparer en distillant le nitre avec de l'argile, et lui donna le nom d'*eau-forte*, sous lequel on le désigne encore aujourd'hui.

Enfin, ce fut Basile Valentin qui, vers la fin du quinzième siècle, fit connaître le mode de préparation de ce corps que nous suivons encore aujourd'hui ; mais avant d'indiquer cette préparation, jetons un coup d'œil rapide sur la formation de cet acide dans la nature, sur la *nitrification*.

L'oxygène et l'azote ne se combinent pas dans les conditions ordinaires, mais l'union de ces corps se déclare dans trois circonstances principales, qui se rencontrent fréquemment dans la nature. La première, la plus anciennement connue, est la rencontre de l'oxygène et de l'azote humides sous l'influence des étincelles électriques.

C'est un grand physicien, Cavendish, qui a établi ce fait, d'une haute importance par l'expérience suivante :

Il enferma de l'air ou un mélange d'oxygène et d'azote en proportions connues dans un tube en verre recourbé (fig. 21) dont les deux extrémités plongeaient dans une solution alcaline, de potasse, de soude ou de chaux, et il fit passer des étincelles électriques dans ce mélange. Chaque étincelle diminuait le volume du gaz, et le mélange disparut presque complétement lorsqu'il fit usage de sept volumes d'oxygène pour trois volumes d'azote.

Quel est le produit de cette réaction? de l'azotate de

potasse, de soude ou de chaux, suivant la base employée; le sel demeurant dissous dans l'eau, qui maintenait en

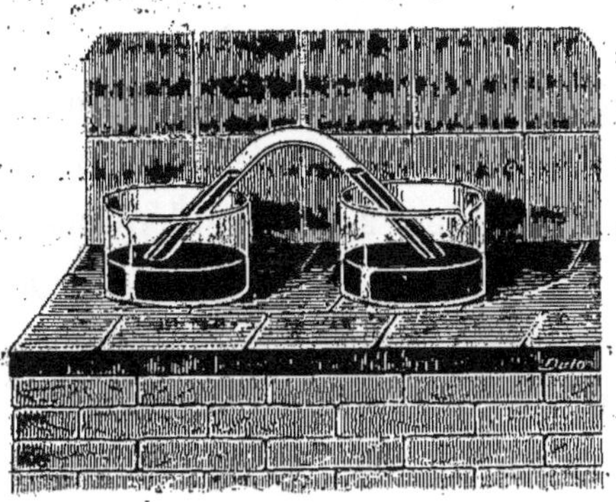

Fig. 21.

solution la base avant le passage des étincelles électriques.

Si l'oxygène et l'azote se combinent sous l'influence des étincelles électriques, pour donner de l'acide azotique, cet acide doit prendre naissance dans l'atmosphère pendant les orages, sous l'influence de la foudre : c'est ce qui se produit en réalité.

L'acide azotique ne reste pas libre dans l'atmosphère; et fort heureusement, car c'est un agent corrosif d'une grande violence; il rencontre au sein de ce fluide une base, l'ammoniaque, avec laquelle il forme un sel inoffensif, l'azotate d'ammoniaque. Quand nous disons : inoffensif, nous avons tort; nous aurions dû dire : un sel précieux, car il est prouvé maintenant que l'azotate d'ammoniaque est un aliment pour les végétaux, qu'entraîné sur le sol par les pluies il est absorbé par leurs racines, et leur fournit, sous une forme assimilable, l'azote nécessaire à leur développement.

L'azote et l'oxygène se combinent dans une deuxième circonstance tout aussi remarquable et plus générale, qui n'a été mise hors de doute que dans ces années dernières. Lorsque de l'huile, de la bougie, du gaz de l'éclairage, lorsqu'en un mot une substance hydrocarbonée brûle dans l'air par la combinaison de l'oxygène avec les principes combustibles qu'elle renferme, l'azote ne reste pas simple témoin de ces réactions, ce corps s'unit également à l'oxygène. La proportion d'azote qui entre en combinaison est, nous le répétons, extrêmement faible; mais quand on réfléchit à l'immense quantité de combustions qui ont lieu sans cesse à la surface de la terre, on est amené à conclure que cette circonstance doit répandre dans l'atmosphère des quantités considérables d'acide azotique.

Une expérience du plus haut intérêt, due à M. Kuhlmann, va nous donner une idée de la troisième circonstance, qui amène la formation des azotates à la surface de la terre.

Si l'on fait passer un mélange d'oxygène ou d'air et d'ammoniaque dans un tube en verre contenant de la mousse de platine légèrement chauffée, il se dégage de ce tube, non plus de l'ammoniaque, mais de l'acide azotique. En effet, si l'on approche de l'extrémité du tube un papier bleu de tournesol, il rougit aussitôt; ce qui démontre qu'il s'est produit un corps acide.

Or, les produits rejetés par les animaux se décomposent en présence de l'air et de l'eau, et leur azote se transforme en ammoniaque. Cette base, sous l'influence de l'oxygène et des corps poreux qui existent dans l'intérieur du sol, se change en acide azotique, qui se combine avec la chaux, la potasse, la soude, ainsi qu'avec les autres bases qu'il renferme. L'eau s'évapore graduellement et l'azotate se dépose. Tel est le phénomène qui se produit au pied de nos édifices, sous l'influence du temps; on dit alors que les murs se salpêtrent. Il suffit ensuite de soumettre les vieux platras à l'opération du lessivage pour en extraire les azotates qu'ils contiennent.

On a rencontré au Chili et au Pérou d'immenses dépôts de nitrate de soude qui ont la même origine. Ces gisements exploités aujourd'hui fournissent à peu près tout l'acide azotique qu'on produit dans l'industrie européenne. Dans les laboratoires, on fait le plus souvent usage du nitre, on opère alors de la façon suivante.

On introduit dans une cornue en verre (fig. 20) des poids égaux de nitre et d'acide sulfurique concentré, puis on chauffe faiblement, après avoir fait plonger le col de la cornue dans un ballon un peu vaste entouré d'eau froide. Le principe de l'opération est des plus simples : l'acide sulfurique s'empare de la potasse pour former un composé fixe, le bisulfate de potasse, qui reste dans la cornue, tandis que l'acide azotique, devenu libre, se dégage sous la forme de vapeurs qui viennent se condenser dans le récipient refroidi.

Une petite partie de l'acide azotique est perdue au commencement et à la fin de l'opération, parce qu'elle est transformée en un gaz de teinte orangée, dont nous parlerons plus loin sous le nom d'acide hypoazotique.

L'acide azotique ainsi préparé représente l'acide au maximum de concentration. Il répand à l'air d'abondantes

Fig. 22.

fumées qui sont dues à la formation d'une combinaison définie de ce corps avec la vapeur d'eau contenue dans l'air. Il présente une teinte jaune qui ne lui appartient pas, mais qui provient de ce que ce corps a dissous de la vapeur d'acide hypoazotique. On peut à l'aide de manipulations simples l'obtenir tout à fait incolore.

Il présente une grande instabilité, car si on fait bouillir de l'acide nitrique incolore, ou même si on l'expose à l'action du soleil, il se colore rapidement en jaune.

Il est doué d'une saveur aigre des plus fortes, c'est en outre un agent des plus corrosifs, aussi l'emploie-t-on pour cautériser les plaies de mauvaise nature et pour détruire les verrues en les touchant avec une baguette en verre ou avec un fragment de bois. Cette désorganisation des chairs est accompagnée de la production d'une coloration jaune de la peau qui ne disparaît qu'avec le tissu lui-même.

Cette propriété permet de reconnaître facilement les empoisonnements par l'eau-forte, car la bouche et le tube digestif sont fortement colorés en jaune.

Disons une fois pour toutes que les premiers soins à donner à une personne qui a ingéré de l'acide azotique ou tout autre acide consistent à lui administrer des matières aptes à saturer l'acide, telles que de la magnésie, de la chaux, du savon délayés dans l'eau.

L'acide azotique est remarquable non-seulement par la puissance de son acidité, mais encore par l'énergie des oxydations qu'il est susceptible de produire. Ce second effet s'explique aisément : l'acide azotique est formé par deux éléments très-faiblement unis qui peuvent par suite se séparer sans la moindre influence. L'oxygène qui se dégage progressivement exerce dans ce cas son action avec plus d'énergie que l'oxygène ordinaire en vertu de cette circonstance qu'un corps possède des propriétés beaucoup plus actives lorsqu'il sort d'une combinaison que lorsqu'il est préalablement isolé.

Pour vous donner idée du pouvoir oxydant de cet acide, il nous suffira de dire que la plupart des métalloïdes et des métaux sont transformés en oxydes par le contact de ce corps. Si, par exemple, on fait tomber un charbon allumé dans le fond d'un tube renfermant de l'acide fumant, la partie du charbon qui n'est pas noyée dans l'acide et qui se trouve dans sa vapeur devient fortement incandescente, et reste pendant quelque temps le siége d'une combustion énergique. Avec le phosphore, l'oxydation est tellement violente, que si l'acide n'était pas étendu d'eau, l'action serait instantanée et accompagnée d'une explosion.

Parmi tous les métaux, il n'y a que l'or et le platine qui soient inattaquables par cet acide, aussi tire-t-on parti de cette propriété pour séparer ces métaux dans les recherches analytiques.

L'action des métaux est généralement violente. Du cuivre, de l'étain, du fer, immergés dans l'acide azotique du commerce qui est étendu d'eau, s'attaquent avec violence et disparaissent bientôt; il se dégage en même temps des vapeurs orangées abondantes.

Que devient le métal pendant cette oxydation?

Deux cas se présentent : ou bien, — et c'est le phénomène le plus ordinaire, — l'oxyde produit s'unit à l'acide azotique pour former un azotate. C'est ce qui se produit avec le fer, le cuivre, et, pour le dire en passant, c'est la méthode par laquelle on se procure généralement les azotates. Ou bien l'oxyde produit reste libre; l'étain est dans ce cas. Le métal disparaît, mais la liqueur se remplit d'une poudre blanche qui est formée par un oxyde acide de l'étain que l'on nomme l'acide *métastannique*.

L'exemple des trois métaux, cuivre, fer, étain, que nous avons choisi, offre une autre particularité digne d'intérêt. Le cuivre est d'autant mieux attaqué par l'acide que ce liquide est plus concentré, mais il n'en est pas de même pour les deux autres métaux. Tandis que l'un et l'autre sont violemment oxydés par l'acide étendu, chose singulière, ils restent inaltérés dans l'acide fumant, dans l'acide au maximum de concentration dont nous avons fait connaître la préparation. Si l'on verse de l'eau dans le vase où l'étain et l'acide fumant se trouvent côte à côte sans réagir, l'action se déclare aussitôt. Avec le fer il se passe un phénomène bizarre et non encore expliqué. Si on enlève l'acide fumant qui mouille des pointes de Paris, du fer en un mot, et qu'on le remplace par de l'acide étendu, ce fer qui serait attaqué par cet acide a perdu cette propriété par son contact avec l'acide fumant, et l'on exprime cette faculté singulière en disant que l'acide fumant rend le fer passif. Néanmoins, il est facile de détruire cette passivité; il suffit pour cela de toucher ces pointes avec une tige de cuivre, ou même avec une autre pointe qui n'a pas été soumise à l'action de l'acide concentré.

Cette indifférence de l'acide azotique concentré pour le fer rend un précieux service à l'industrie. Elle permet de fabriquer cet acide dans des vases en fonte. Ces vases sont des cylindres ou de vastes chaudières ; on y introduit de l'azotate de soude et de l'acide sulfurique, puis l'on chauffe. L'acide azotique distille : on le recueille dans de grands vases en terre placés bout à bout, contenant de l'eau jusqu'au tiers de leur volume environ, afin qu'il n'échappe pas de vapeur acide, comme il arrive toujours lorsqu'on le reçoit dans un vase vide, ainsi que nous l'avons réalisé au commencement de cette séance.

L'action de l'acide azotique sur les matières organiques met parfaitement en relief la puissance oxydante de cet agent.

Versons de l'acide azotique fumant dans de l'essence de térébenthine, elle s'enflamme aussitôt, par suite de la combinaison violente de l'oxygène de l'acide avec le carbone et l'hydrogène qui sont les éléments constitutifs de l'essence.

Souvent l'action n'est pas aussi radicale, et les chimistes en ont alors tiré parti.

Chauffons dans une cornue de verre de l'acide azotique faible avec de l'amidon ou du sucre, le carbone et l'hydrogène de ces matières se brûleront lentement et d'une façon partielle, en produisant un acide très-intéressant et très-utile, l'acide de sel d'oseille, l'acide oxalique.

D'autres fois, la réaction est encore moins profonde, et l'acide azotique pénètre simplement dans la matière organique ; c'est ce qui se manifeste avec le papier, avec le coton, et en général avec les diverses variétés de la substance qui forme le tissu, la charpente des végétaux.

Mettez de l'acide azotique fumant dans un verre, et plongez-y pendant une ou deux minutes du coton cardé bien divisé d'avance; puis retirez ce coton avec des agitateurs en verre, lavez-le à grande eau et séchez-le au soleil.

Ce coton a conservé son aspect filamenteux, il est demeuré parfaitement incolore; la seule différence qu'il présente en apparence est une certaine rugosité. Mais gardez-vous de croire à ces apparences, car si vous l'approchez d'une bougie, il n'aura pas encore touché la flamme que lui-même aura pris feu et totalement disparu; vous avez produit une véritable poudre, le *coton-poudre*, le *pyroxyle*.

Cette substance peut remplacer la poudre ordinaire; elle a même de grands avantages sur cette dernière. Elle ne redoute pas l'humidité, elle se prépare en quelques instants, et son pouvoir balistique est plus considérable. Néanmoins, on ne l'emploie pas dans les armes, parce qu'elle a un prix plus élevé, et surtout parce que, en vertu de l'instantanéité de sa combustion, elle exerce une action brisante.

Ces effets s'expliquent sans peine : le coton renferme principalement des agents combustibles, le carbone et l'hydrogène ; l'acide azotique, en se fixant dans ce corps, y a apporté de fortes proportions d'oxygène, c'est-à-dire de l'agent comburant. Dès lors, cette substance offre un état d'équilibre peu stable, que la moindre chaleur détruit. Le coton-poudre brûle sans résidu, parce que le carbone et l'hydrogène du coton sont brûlés en totalité par l'oxygène et transformés en deux corps gazeux : l'acide carbonique et la vapeur d'eau.

Cette puissance oxydante de l'acide azotique se transmet à ses sels ; les azotates — et c'est une méthode pour les reconnaître — fusent sur les charbons ardents, en activant leur combustion. Un mélange de nitre et d'antimoine jeté dans un creuset rouge produit une déflagration ; l'antimoine se change en un oxyde acide.

La poudre à tirer ordinaire doit sa puissance balistique à l'action oxydante de l'oxygène de l'acide azotique sur deux éléments combustibles : le charbon et le soufre.

La poudre de guerre française est un mélange intime de :

75,0 p.	nitre
12,5 p.	charbon.
12,5 p.	soufre
100,0.	

La poudre de chasse renferme un peu plus de nitre et un peu moins de soufre, on fait en outre usage d'un charbon imparfait qui présente une couleur roussâtre et renferme un peu d'hydrogène, ce qui augmente sa force.

L'acide azotique est un agent précieux dans les laboratoires et dans les arts; son emploi principal est la fabrication de l'acide sulfurique. Nous venons d'appeler votre attention sur quelques autres applications. Ajoutons qu'on s'en sert dans la teinture et dans l'impression sur les étoffes de nature animale, telles que la laine et la soie, pour produire des teintes orangées et jaunes; qu'il est usité pour dissoudre ou simplement pour décaper les métaux; qu'il constitue l'*eau-forte* des graveurs sur cuivre, et l'eau *seconde* employée par les peintres pour le lessivage. Ces divers usages consomment chaque année, dans notre pays, environ 5 millions de kilogrammes d'acide azotique.

L'histoire de l'acide azotique peut se résumer dans son pouvoir oxydant. Nous avons vu que tel était, en effet, son rôle presque exclusif; mais nous avons à dessein laissé dans l'ombre un point sur lequel nous nous réservions d'insister ensuite.

L'acide azotique n'est pas le seul composé de l'oxygène et de l'azote. On en connaît quatre autres, et ces quatre combinaisons sont moins oxygénées que lui. Lorsque l'acide azotique oxyde les corps, il se produit un ou plusieurs de ces oxydes inférieurs de l'azote, et l'oxyde produit est d'autant moins oxygéné que le corps attaqué par cet acide est plus oxydable.

Une certaine complication apparaît donc dans les composés oxygénés de l'azote : il en existe cinq; mais sous cette apparente complication réside une extrême simplicité que l'on retrouve d'ailleurs dans toutes les œuvres de la nature : les rapports de poids les plus simples relient ces corps entre eux.

L'acide azotique perd-il complétement son oxygène pendant ces oxydations? Est-il réduit à l'état d'azote? Ce résultat s'observe quelquefois; mais jamais l'azote produit n'est pur, souvent même il ne s'en produit pas.

Prenons, en effet, pour être plus clair, un certain poids d'azote qui est appelé son équivalent, 14, par exemple. Si nous cherchons quelles sont les quantités d'oxygène qui sont unies à ce poids d'azote dans les différents composés, nous trouvons que 14 d'azote sont combinés à 8 d'oxygène dans celui de ces corps qui est le moins oxygéné, et que pour cette raison on appelle le *protoxyde d'azote;* que 14 d'azote sont unis à 16 (deux fois 8) dans une seconde combinaison, qu'on désigne, par suite de cette circonstance, sous le nom de *bioxyde d'azote.*

Les trois autres renferment :

pour 14 d'azote	24 (3 fois 8)	d'oxygène
—	32 (4 fois 8)	—
—	40 (5 fois 8)	—

Comme ces composés sont acides, on donne au moins oxygéné le nom d'*acide azoteux*, au plus oxygéné le nom d'*acide azotique*, et on appelle le corps intermédiaire l'*acide hypoazotique.*

Nous n'insisterons pas davantage sur ces dénominations, qui vérifient les règles de nomenclature établies dans la séance précédente; mais nous devons appeler toute votre attention sur la simplicité de rapports que présentent les poids d'oxygène et d'azote qui entrent dans ces composés, simplicité que nous rencontrerons toujours et qui constitue une des lois les plus belles des sciences, la loi des *proportions définies et multiples*.

Les nombres donnés plus haut démontrent que l'azote est susceptible de s'unir à l'oxygène en cinq proportions, et que les quantités d'oxygène qui se combinent à un même poids d'azote sont entre elles comme les nombres les plus simples,

1, 2, 3, 4, 5.

Si ce fait était particulier aux combinaisons de l'oxygène et de l'azote, il ne mériterait pas de nous arrêter davantage; mais il est d'une absolue généralité. Ainsi, nous n'avons pas examiné les composés oxygénés du chlore, par suite de leur peu d'importance; mais ils nous auraient offert une simplicité tout aussi grande. Les quantités d'oxygène qui s'unissent à un même poids de chlore sont entre elles comme les nombres

1, 3, 4, 5, 7,

et il en est de même pour toutes les combinaisons des corps entre eux. C'est à un physicien illustre, Dalton, que revient l'honneur d'avoir découvert cette grande vérité en l'année 1807.

Les quatre autres composés de l'azote nous arrêteront peu.

PROTOXIDE D'AZOTE.

Lorsqu'on soumet à l'action de la chaleur, dans une cornue de verre (fig. 23), un azotate dont nous avons

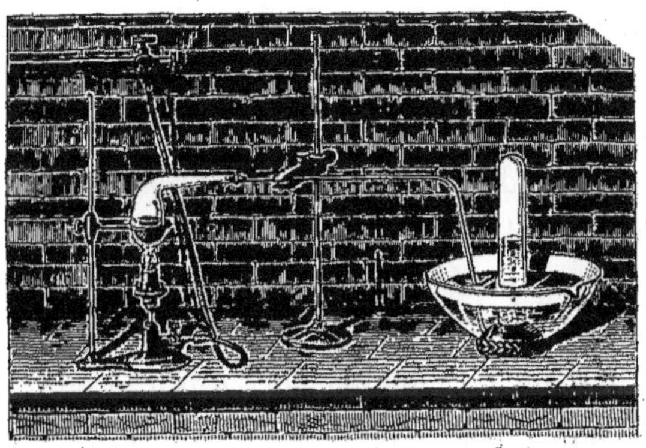

Fig. 23.

parlé dans l'étude de l'acide azotique, l'azotate d'ammoniaque, ce corps disparaît en totalité, car il se réduit en vapeur d'eau et en un gaz qui est le protoxyde d'azote. On recueille le protoxyde d'azote dans des éprouvettes ou dans des flacons, sur une cuve pleine d'eau, comme les gaz que nous avons étudiés antérieurement. Ce gaz offre, au point de vue physique, l'apparence de l'oxygène, de l'hydrogène et de l'azote; il est incolore comme eux. Il est plus soluble que ces gaz, car l'eau en dissout son volume environ à la température ordinaire.

Le protoxyde d'azote n'est pas un gaz *permanent*. On veut dire par ce mot que l'on a réussi à en opérer la liquéfaction ; c'est un physicien anglais illustre, Faraday, qui le premier, à l'aide de son ingénieux appareil, nous l'a fait connaître sous cette forme. Cette opération se fait très-commodément aujourd'hui, et sur des proportions de gaz très-considérables, au moyen d'un appareil imaginé par M. Natterer, et perfectionné par un de nos plus habiles constructeurs d'instruments de précision, M. Bianchi. Nous insisterons plus loin, au sujet de l'acide carbonique, sur la liquéfaction des gaz et sur les phénomènes curieux que l'on produit au moyen du protoxyde d'azote liquide.

Le protoxyde d'azote possède une propriété qui le ferait confondre avec l'oxygène si on n'y prenait garde. Il renferme beaucoup plus d'oxygène que l'air, et comme l'azote a peu d'affinité pour l'oxygène, ce gaz est retenu très-faiblement dans la combinaison. Aussi produit-il, lorsqu'on introduit dans son intérieur une allumette encore incandescente, une vive inflammation de ce corps. Pareillement, si l'on plonge dans un flacon rempli de protoxyde d'azote un fragment de charbon embrasé, il y brûle avec un éclat comparable, dans les premiers instants au moins, à celui qu'il développe dans l'oxygène. Enfin, la combustion du phosphore dans le protoxyde d'azote produit une lumière aussi éblouissante que dans l'oxygène.

Néanmoins, il existe des différences saillantes dans l'action des corps combustibles sur ces deux gaz. Nous avons vu le soufre, à peine embrasé, s'allumer avec énergie dans l'oxygène et y brûler avec une belle flamme bleue; le soufre enflammé s'éteint lorsqu'on le plonge dans le protoxyde d'azote, à moins qu'il n'ait été très-fortement embrasé d'avance.

Nous n'aurions pas insisté sur la préparation de ce gaz s'il n'était pas utilisé maintenant comme agent anesthésique dans certaines opérations chirurgicales et notamment pour l'extraction des dents.

Le protoxyde d'azote exerce en effet une action remarquable sur l'économie animale, action qui a été découverte en 1799 par sir Humphry Davy. Cet éminent chimiste, ayant respiré du protoxyde d'azote, s'endormit sans souffrance, devint insensible à la douleur, éprouva des rêves agréables, et se réveilla avec des sensations telles qu'il lui sembla sortir de l'extase la plus douce. La publication de ces effets eut un retentissement d'autant plus grand que Davy possédait une réputation universelle, et aussitôt on organisa des clubs pour répéter ces essais. L'engouement fut tel qu'on donna au protoxyde d'azote les noms de *gaz hilarant*, de *gaz céleste*, de *gaz du paradis;* ces essais vérifièrent l'expérience de Davy, et il fut bien constaté que l'inhalation de ce gaz amène le sommeil et la cessation de la douleur physique. Mais divers accidents, survenus à la suite de ces expériences, y firent renoncer peu après. Plus tard, il fut démontré que ces accidents ne devaient pas être attribués au protoxyde d'azote, et qu'ils tenaient à du chlore, ou à de l'acide hypoazotique, qui se trouvaient accidentellement mélangés à ce gaz. En 1844, un chirurgien américain, Wels, eut l'idée d'endormir les personnes auxquelles il devait arracher des dents ou faire des opérations de faible durée. Cette tentative eut un plein succès, et aujourd'hui un dentiste de Paris, M. Preterre, emploie le protoxyde d'azote comme agent anesthésique, pour l'extraction des dents, en place du chloroforme ou de l'éther.

BIOXYDE D'AZOTE.

Ce corps est un gaz incolore comme le précédent; il s'en distingue ainsi que de tous les gaz connus en ce qu'il prend au contact de l'air une teinte orangée. Cette coloration est due à ce qu'il absorbe l'oxygène de l'air à la température ordinaire en se transformant en acide hypoazotique. Cette propriété du bioxyde d'azote est du plus haut intérêt, car nous verrons qu'elle joue un rôle considérable dans la formation de l'acide sulfurique.

Cette avidité du bioxyde d'azote pour l'oxygène permet de comprendre comment ce gaz, quoiqu'il renferme deux fois autant d'oxygène que le protoxyde d'azote, est cependant beaucoup moins comburant que lui. L'oxygène est soudé à l'azote dans ce corps beaucoup plus énergiquement que dans le protoxyde.

Le soufre, le charbon embrasés s'éteignent dans le bioxyde d'azote; mais si le corps combustible est susceptible de détruire la combinaison de l'oxygène et de l'azote, alors la combustion se déclare avec énergie. C'est ce qui se présente avec l'hydrogène, avec le phosphore et avec le sulfure de carbone. Si on verse dix à douze gouttes de ce dernier corps dans une éprouvette remplie de bioxyde d'azote, qu'on agite un instant le mélange, et qu'on en approche un corps enflammé, une flamme violacée, très-vive, remplit aussitôt le vase; cette lumière est produite par la combustion du soufre et du carbone sous l'influence de l'oxygène du bioxyde d'azote.

Le bioxyde d'azote se prépare très-facilement en versant de l'acide azotique par petites portions dans un flacon renfermant de l'eau et du cuivre. L'appareil entièrement identique à celui qui sert à la préparation de l'hydrogène est représenté par la (fig. 24). Le bioxyde d'azote se dé-

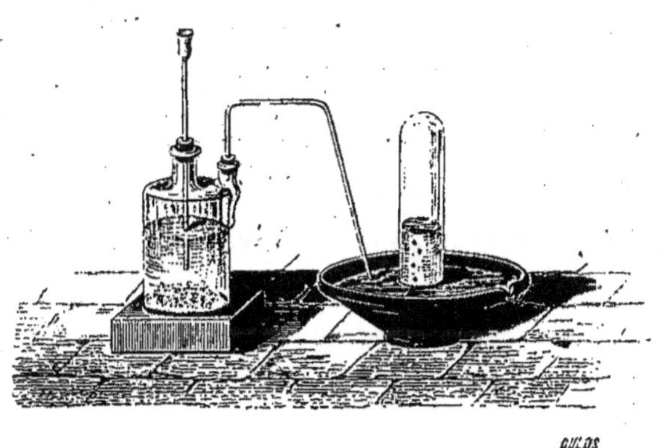

Fig. 24.

gage et vient se rassembler dans des éprouvettes, tandis qu'il reste dans le flacon de l'azotate de cuivre, qui se dissout dans l'eau et la colore en bleu.

Le bioxyde d'azote possède une seconde propriété qui le différencie des autres gaz et permet de le séparer du protoxyde d'azote avec lequel il est fréquemment mélangé. Une dissolution de sulfate de protoxyde de fer qui présente une coloration vert bleuâtre à peine perceptible, absorbe lentement ce gaz, mais d'une manière complète, en prenant une coloration d'un brun noirâtre.

ACIDE AZOTEUX ET HYPOAZOTIQUE.

Le premier de ces corps est sans intérêt. Nous avons vu le second se produire dans deux circonstances distinctes, par l'action de la chaleur et de la lumière sur l'acide azotique, et par l'oxydation du bioxyde d'azote.

Une de ses propriétés mérite d'être prise en considération, parce qu'elle intervient dans la fabrication de l'acide sulfurique : l'acide hypoazotique est décomposé par l'eau en acide azotique et en bioxyde d'azote.

CINQUIÈME LEÇON.

AMMONIAQUE.

Différents modes de formation de l'ammoniaque : 1° Par la putréfaction des matières animales; 2° par l'oxydation d'un métal très-altérable au contact de l'air humide ou par l'action de l'acide azotique faible sur les mêmes métaux; 3° par la distillation de la houille et des matières animales. — Préparation de l'ammoniaque gazeuse et de la dissolution aqueuse d'ammoniaque. — Froid produit par l'évaporation de l'ammoniaque liquide; moyen d'obtenir de la glace. Appareil Carré. — Action de la chaleur et de l'électricité sur l'ammoniaque. Action du chlore, de l'iode, du charbon, des métaux sur l'ammoniaque. — Remplacement de l'hydrogène de l'ammoniaque en totalité ou en partie par des groupements hydrocarbonés. Application de l'ammoniaque.

AMMONIAQUE OU ALCALI VOLATIL.

L'ammoniaque est le seul composé connu de l'azote et de l'hydrogène. Cette substance ne se produit pas par le contact de ces deux corps simples dans les conditions ordinaires, mais elle se forme toutes les fois qu'ils se rencontrent à l'état naissant; elle prend naissance notamment dans les deux circonstances suivantes :

Les matières rejetées du corps des animaux, et le corps des animaux lui-même, lorsqu'il a cessé de participer à la vie, subissent à l'air une décomposition lente qui est connue sous le nom de putréfaction. Les substances animales contiennent du charbon, de l'hydrogène et de l'azote; le charbon se change en acide carbonique, l'hydrogène en eau, et l'azote en ammoniaque.

Cette ammoniaque, qui est un des aliments des végétaux, est absorbée dans le sol par leurs racines, ou bien elle s'évapore dans l'atmosphère, d'où elle retombe, entraînée par la pluie, à l'état de carbonate et de nitrate d'ammoniaque.

L'homme sait utiliser cette source d'ammoniaque : il distille avec de la chaux les matières animales putréfiées; l'ammoniaque se dégage. On la recueille dans de l'eau contenant de l'acide chlorhydrique ou de l'acide sulfurique, et l'on obtient par ce moyen un sel cristallisé qui est chlorhydrate ou le sulfate d'ammoniaque, duquel on extrait le gaz ammoniac.

La deuxième circonstance dans laquelle l'ammoniaque se forme est des plus singulières, et il n'y a pas fort longtemps qu'elle a été découverte.

Lorsqu'on traite un métal facilement oxydable, comme l'étain, par l'acide azotique étendu, l'oxydation de ce métal est produite à la fois par l'oxygène de l'acide et par l'oxygène de l'eau, par suite, il y a rencontre de l'azote et de l'hydrogène à l'état naissant, rencontre dans laquelle il se produit de l'ammoniaque. C'est ce qui arrive encore lorsqu'un métal, comme le fer, s'oxyde à l'air; la rouille contient de l'ammoniaque. Ce fait n'a été démontré que depuis peu d'années, et l'ignorance de cette propriété aurait pu causer des erreurs regrettables, les plus graves même.

Lorsque du fer,—une arme par exemple,—a été mouillé par du sang, ce métal se rouille rapidement. Comme le sang est une matière azotée, la rouille produite contient de l'ammoniaque. Supposez qu'un crime ayant été commis, les recherches judiciaires amènent la découverte d'une arme rouillée, et que cette arme soit remise à un expert, il devra se garder de rechercher simplement si cette rouille dégage de l'ammoniaque, car la présence de cette substance ne prouverait nullement que l'arme a été tachée de sang. La formation de la rouille d'après ce que nous venons de dire étant toujours accompagnée de celle de l'ammoniaque.

La majeure partie de l'ammoniaque dont on fait usage aujourd'hui soit dans l'industrie soit dans la préparation des engrais artificiels est obtenue en calcinant la houille ou les matières animales. Cette ammoniaque est transformée en sulfate ou en chlorhydrate, que l'on fait cristalliser, et qui servent ensuite à la préparation du gaz ammoniac pur.

Pour obtenir ce corps on introduit dans un ballon en verre un mélange à poids égaux de chlorhydrate d'ammoniaque et de chaux vive en poudre (fig. 25). On place sur ce mélange quelques fragments de chaux vive, et l'on chauffe légèrement, après avoir eu soin d'adapter au col du vase un tube recourbé dont l'autre extrémité se rend sur la cuve à mercure.

Il se forme du chlorure de calcium qui reste dans le ballon, de l'eau qui est absorbée par la chaux, et du gaz

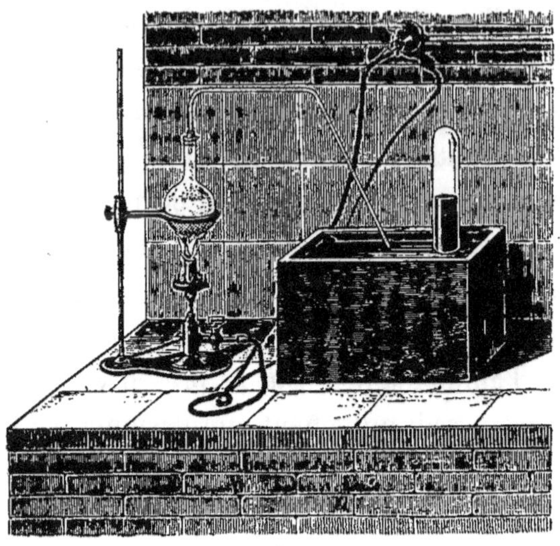

Fig. 25.

ammoniac que l'on recueille dans des éprouvettes bien sèches disposés sur le mercure, parce qu'il est extrêmement soluble dans l'eau.

Ce gaz est incolore, doué d'une saveur très-âcre et d'une odeur vive qui provoque le larmoiement. Il faudrait se garder d'en respirer des quantités un peu fortes, car il exerce une action énergique sur l'économie; on cite, en effet, l'exemple d'un homme qui mourut à la suite de la rupture d'un flacon plein d'ammoniaque en dissolution dont le contenu se renversa sur sa figure.

A petite dose, on emploie la solution aqueuse d'ammoniaque pour ramener à la vie les personnes tombées en syncope. Il sert aussi pour combattre les effets de l'ivresse; mais dans ce cas ce n'est pas l'odeur vive et excitante de l'ammoniaque qui agit; l'effet utile est dû à ce que ce corps, étant basique, sature l'excès de gaz carbonique qui s'est produit dans l'estomac. C'est en raison de la même circonstance que les vétérinaires administrent la dissolution d'ammoniaque étendue d'eau aux animaux chez lesquels se produit un gonflement de l'abdomen désigné sous le nom d'*empansement* à la suite d'une trop copieuse ingestion de fourrages frais. Il n'y a pas encore très-longtemps on ne connaissait d'autre remède à cet état que la perforation directe du ventre de l'animal, remède qui, d'ordinaire, était pire que le mal.

La solution d'ammoniaque appliquée sur la peau ramène en ce point la chaleur, et peut y développer de l'inflammation, y produire même une cautérisation. Cette propriété est fort heureusement utilisée pour cautériser les piqûres faites par les cousins, les abeilles et les serpents.

Le gaz ammoniac est remarquable par son excessive solubilité dans l'eau; ce liquide en absorbe près de 1000 fois son volume à la température de 0°. Pour mettre en évidence cette solubilité considérable on n'a qu'à remplir un flacon de gaz ammoniac, et à le fermer par un bouchon en liége dans lequel passe un tube en verre effilé. On plonge ce tube dans l'eau et on casse la pointe; on voit aussitôt l'eau monter dans le tube, jaillir dans le flacon et le remplir en quelques instants. Si l'ouverture du vase était large, l'ascension de l'eau serait si rapide que le choc de ce liquide contre le fond du vase risquerait de le briser.

Pour préparer la dissolution d'ammoniaque, on force ce gaz, produit par le moyen indiqué plus haut, à traverser les flacons d'un appareil de Woulf, qui se compose (fig. 26) d'une série de flacons tubulés renfermant chacun

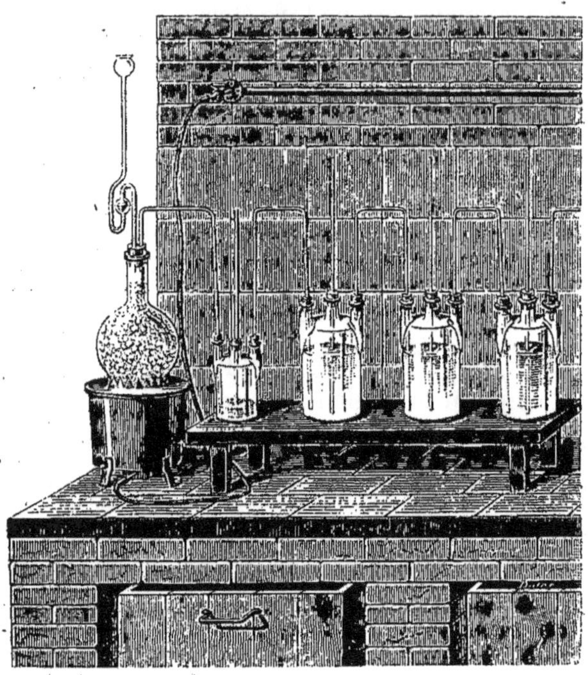

Fig. 26.

environ les $\frac{2}{3}$ de leur volume d'eau. Les tubes qui amènent le gaz dans le liquide doivent plonger au fond de ce dernier sans quoi, la dissolution aqueuse d'ammoniaque étant plus légère que l'eau pure, la partie supérieure du liquide serait seule saturée. Les tubes abducteurs, au contraire, plongeant jusqu'au fond, dès que la couche inférieure est saturée, elle monte à la surface et ainsi de proche en proche jusqu'à ce que la saturation de l'eau soit complète. Le tube droit adapté à la tubulure du milieu sert de tube de sûreté. En effet, la pression qui se développe à l'intérieur devient-elle trop considérable, le liquide s'échappe par ce tube et le gaz trouvant une issue se dégage dans l'atmosphère, ce qui fait disparaître toute crainte d'explosion. Se manifeste-t-il, au contraire, une diminution de pression dans l'appareil, l'air s'y introduit à la faveur de ce tube pour rétablir l'équilibre et l'on n'a pas à redouter d'absorption.

La solution d'ammoniaque est presque exclusivement employée quand on a besoin de cet agent, et elle constitue l'ammoniaque des laboratoires et des pharmacies.

Lorsqu'on chauffe cette dissolution, l'ammoniaque s'évapore, et si l'on porte le liquide à l'ébullition, tout le gaz se dégage. Il suit de là que si l'on place cette dissolution sous le récipient de la machine pneumatique, elle perdra rapidement la totalité de gaz qu'elle renferme, à la condition toutefois d'absorber ce dernier à mesure qu'il se dégage, sans quoi il exercerait bientôt à la surface du liquide une pression qui s'opposerait à ce que le dégagement pût continuer.

Le gaz ammoniac se liquéfie lorsqu'on le soumet à une pression de 6 atmosphères $\frac{1}{2}$ à la température de 10°. Cette liquéfaction s'exécute facilement en exposant à une chaleur de 40 à 50° dans le tube de Faraday du chlorure d'argent saturé de gaz ammoniac. Le chlorure d'argent absorbe en effet à froid 320 fois son volume de gaz ammoniaque qu'il abandonne en entier lorsqu'on élève sa température au-dessus de 40°. Si donc on chauffe au bain-marie la branche qui renferme ce composé (fig. 27), l'ammoniaque se dégagera tout entière et, ne trouvant aucune

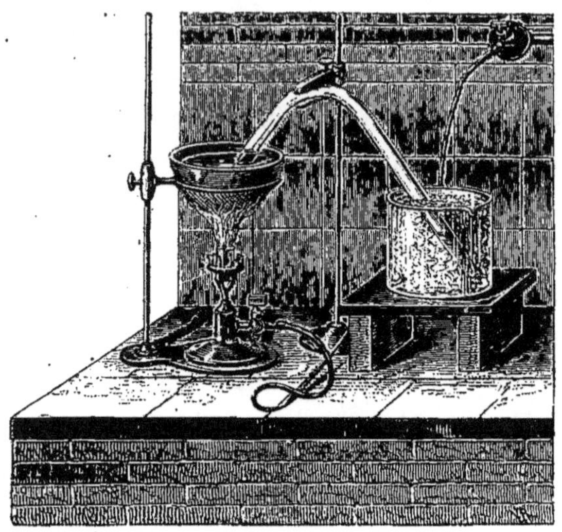

Fig. 27.

issue, elle exercera sur elle-même une pression assez considérable pour qu'elle se condense dans la seconde branche sous forme liquide. On pourra faciliter ce changement d'état en plaçant la seconde branche de ce petit appareil, qui présente, comme vous savez, la forme d'un V renversé, dans un mélange de glace et de sel. Enlève-t-on maintenant d'une part le bain-marie, de l'autre, le bain réfrigérant, bientôt le chlorure d'argent ramené à la température ambiante absorbera l'ammoniaque que nous verrons entrer en ébullition dans la seconde branche et disparaître entièrement.

Cette expérience fort intéressante sera susceptible d'être reproduite autant de fois qu'on le désirera.

L'ammoniaque liquéfiée permet d'obtenir une réfrigération intense. Pour comprendre cette action, il faut se rappeler ce fait que l'on vous a démontré dans le cours de physique : *l'évaporation produit du froid.* Personne de vous ne peut l'ignorer, d'ailleurs : quand, par mégarde, vous avez laissé couler sur votre main quelques gouttes d'éther, vous avez ressenti une impression de frais, de froid même. Lorsqu'on sort du bain, pendant l'été, on éprouve une sensation de fraîcheur, quoique la température de l'air soit supérieure à celle de l'eau.

Maintenant que je vous ai rappelé ce principe, permettez-moi de vous donner une description sommaire d'un appareil fort simple au moyen duquel on peut produire un abaissement considérable de température en faisant usage d'ammoniaque liquéfiée. Il a été imaginé par un ingénieur de Paris, M. Carré. La figure ci-jointe va nous aider à faire comprendre la disposition de cet appareil et la manière d'opérer.

Il se compose de deux vases en fonte. L'un est une sorte de chaudière dans laquelle est placée une dissolution saturée d'ammoniaque (fig. 28). On commence par chauffer ce vase : le gaz ammoniac se dégage et se répand par le tube intermédiaire dans le deuxième vase, que l'on a soin d'entourer d'eau froide. Comme l'appareil est hermétiquement clos, le gaz ammoniac ne peut s'échapper au dehors.

Une cavité a été ménagée dans ce second vase. Le gaz ammoniac, chassé de l'eau par la chaleur, exerce bientôt dans l'appareil une pression supérieure à 6 atmosphères $\frac{1}{2}$; et à ce moment il se liquéfie dans le vase refroidi. On arrête l'action du feu lorsque le thermomètre, plongé dans la solution d'ammoniaque, indique 130°, et à ce moment on fait la manœuvre suivante.

On plonge la chaudière dans de l'eau froide (fig. 29),

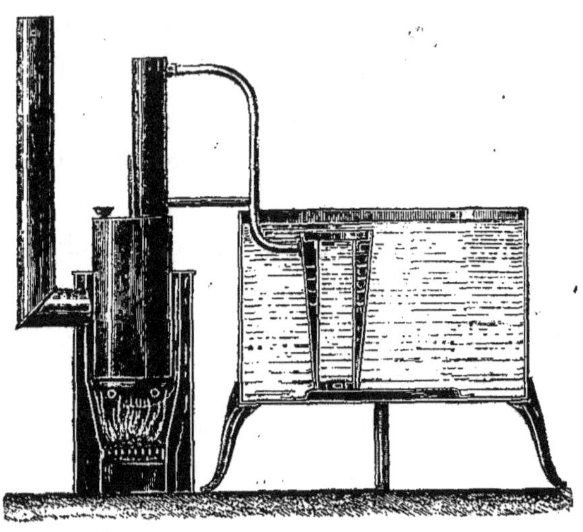

Fig. 28.

on enlève l'eau qui refroidissait le second vase (fig. 28), et on place dans la cavité un vase mince contenant de l'eau ou tout autre liquide que l'on se propose de refroidir. L'ammoniaque liquéfiée se répand en vapeurs, et le gaz produit se redissout dans l'eau de la chaudière, à mesure qu'elle se refroidit. Cette vaporisation détermine un abaissement de température qui solidifie l'eau ou le liquide que l'on avait placé dans la cavité centrale disposée dans le second vase.

Or, comme cet appareil est clos, qu'après cette opération la solution d'ammoniaque se retrouve exactement identique à ce qu'elle était dans l'origine, il en résulte que l'appareil peut servir une seconde fois et indéfiniment à reproduire du froid.

C'est donc un système non-seulement commode, mais

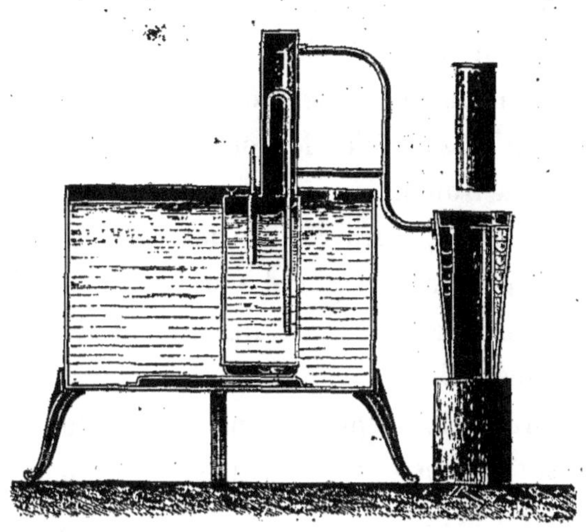

Fig. 29.

encore économique de se procurer de la glace ou de changer des sirops en des préparations glacées, et c'est pour cette raison que nous insistons sur cet appareil par suite des services qu'il est susceptible de rendre dans l'économie domestique. Malgré les efforts faits par les savants et les professeurs pour vulgariser ce système, il est à peine connu; nous espérons que notre parole ne sera pas perdue, et que la femme, à qui est réservé le principal rôle dans l'intérieur de la famille, se chargera de faire appliquer cette invention comme toutes celles qui ont pour effet de produire de la glace. En effet, la connaissance et l'application dans l'économie domestique des moyens simples d'obtenir de basses températures est une question d'un haut intérêt, non-seulement pour la préparation de certains aliments ou boissons, mais encore et surtout pour le maintien de la santé; car il est admis en médecine aujourd'hui que dans beaucoup de maladies inflammatoires on obtient des résultats inespérés et jusqu'à ce jour inconnus en administrant des boissons glacées ou en faisant sur le corps des applications de glace ou d'eau froide.

L'appareil Carré pourra rendre des services signalés à la campagne et dans un grand nombre de villes, car il en existe beaucoup en France qui ne possèdent pas de débits de glace.

La seule précaution à prendre pour éviter tout accident, et il convient d'y insister ici, consiste à ne pas élever la température au delà de 130°. Si l'on dépassait, en effet, ce point d'une manière un peu notable, il se développerait inévitablement dans l'intérieur de l'appareil une pression considérable qui pourrait en amener la rupture et produire par suite une explosion épouvantable.

La température du rouge sombre ne fait éprouver aucune altération au gaz ammoniac. Au rouge blanc sa décomposition est complète, il se résout alors en ses deux éléments en doublant de volume. Une série très-nombreuse d'étincelles électriques, obtenue par un appareil de Humkorff, en assure également la décomposition complète.

Le gaz ammoniac est une base puissante, car si l'on approche un papier rouge de tournesol de l'ouverture d'un flacon contenant une solution ammoniacale, le papier bleuit aussitôt de la manière la plus énergique.

L'ammoniaque du commerce produit le même effet. La réaction basique de ce corps peut être encore mise en évidence par son action sur le sirop de violettes ou sur la fleur de la violette; la teinte devient immédiatement verte.

Cette couleur ne persiste qu'autant que l'ammoniaque reste en excès, car si on plonge le bouquet verdi dans de l'eau acidulée par l'acide sulfurique ou par un autre acide, la couleur rouge que les acides communiquent à la matière colorante de la violette apparaît aussitôt que l'acide a neutralisé l'alcalinité de l'ammoniaque.

On peut encore démontrer la basicité de ce corps en versant de l'ammoniaque dans un acide; il se produit une action vive accompagnée d'un dégagement de chaleur. Il faudrait se garder de verser de l'ammoniaque en solution concentrée dans un acide fort, car la combinaison de ces deux corps dégagerait assez de chaleur pour produire l'ébullition du liquide et sa projection brusque au dehors du vase.

On tire souvent parti de cette faculté basique pour reconnaître l'ammoniaque dans les laboratoires. On en approche un bouchon ou une tige en verre imprégnée d'acide chlorhydrique. Cet acide qui est volatil rencontre la vapeur d'ammoniaque, et il en résulte des fumées blanches de chlorhydrate d'ammoniaque. Ce composé est le plus important des sels ammoniacaux; nous avons vu comment on l'obtenait et dans quelles circonstances il fournissait l'ammoniaque.

L'étude de l'azote et du chlore nous a fait connaître que l'ammoniaque est susceptible de perdre son hydrogène lorsqu'on la soumet à l'action du chlore, et de fournir le gaz azote.

Nous avons appelé l'attention sur le danger que présente cette réaction lorsque le chlore est en excès, par suite de la formation d'un liquide éminemment explosible. Ce corps, auquel on a donné le nom de chlorure d'azote, doit être considéré comme de l'ammoniaque dans laquelle le chlore a remplacé tout l'hydrogène.

Plusieurs autres corps simples sont susceptibles de chasser l'hydrogène de l'ammoniaque et de prendre sa place. C'est ainsi que si l'on prend quelques centigrammes d'iode, qu'on les agite pendant quatre à cinq minutes avec l'ammoniaque liquide du commerce, l'iode se change en une substance noire qui, lavée à l'eau et desséchée à l'air libre, détone par le plus léger frottement, par le simple contact d'une barbe de plume.

Le charbon jouit de la propriété d'absorber à froid de grandes quantités de gaz ammoniac, c'est le seul phénomène qu'on observe. Il n'en est plus de même lorsqu'on fait passer un courant de ce gaz sur des fragments de charbon disposés dans un tube de porcelaine dont on élève la température jusqu'au rouge. Dans ce cas, l'ammoniac perd deux molécules d'hydrogène, qu'il échange contre deux molécules de carbone, donnant ainsi naissance au poison le plus redoutable que nous connaissions : l'acide *cyanhydrique* ou *prussique*.

L'argent, l'or sont susceptibles de pénétrer également dans la molécule de l'ammoniaque, et il en résulte encore des substances fulminantes.

Ces substitutions peuvent être opérées même par des

corps composés, et vous verrez dans l'étude de la chimie organique que l'aniline, base des magnifiques couleurs rouges, pourpres, mauves, bleues, vertes, jaunes, etc., que chacune de vous a vues se répandre dans le commerce depuis quelques années, n'est autre chose que de l'ammoniaque dans laquelle l'hydrogène est remplacé par des groupements organiques. Par suite, l'ammoniaque est un type autour duquel se groupent une foule de substances.

L'ammoniaque est un des réactifs les plus employés dans les laboratoires, et un agent très-usité dans l'art de la teinture. Il sert aussi dans le dégraissage des étoffes pour enlever les taches d'acides et même des corps gras.

Il est un usage de l'ammoniaque que nous ne pouvons passer sous silence; il a trait à la préparation d'un objet d'ornement connu de chacune d'entre vous: nous voulons parler des perles artificielles, qui sont à Paris l'objet d'un commerce considérable, parce qu'on est arrivé à les faire avec une telle perfection qu'elles imitent singulièrement les perles naturelles, les perles orientales.

Il existe dans la Seine et dans la plupart de nos rivières un petit poisson peu estimé comme aliment, nommé l'*ablette*. Lorsqu'on le lave en le frottant légèrement, il s'en détache des fragments d'écailles qui ont l'éclat de l'argent et le chatoyant de la perle. Ces lamelles sont délayées dans une solution de gélatine, et le mélange est additionné d'ammoniaque qui les ramollit. Cette liqueur est nommée l'essence d'Orient, l'essence de perles; elle contient par kilogramme environ quarante mille écailles. On insuffle

9

ce liquide dans de petites boules de verre creuses sur les parois intérieures desquelles les écailles se collent en communiquant au verre l'éclat et le reflet de la perle. Ce revêtement intérieur du globule se fait avec des tubes de verre remplis de liquide qu'on insuffle avec la bouche; et vous avez pu voir au palais de l'Exposition du Champ de Mars, l'année passée, avec quelle adresse les ouvrières exécutent ce travail.

Le phosphore et l'arsenic, qui offrent avec l'azote les analogies les plus manifestes, bien qu'ils en diffèrent essentiellement par les caractères extérieurs, forment avec l'hydrogène des combinaisons gazeuses qui présentent une composition entièrement analogue à celle de l'ammoniaque.

Le composé gazeux résultant de l'union de l'hydrogène avec le phosphore peut s'obtenir, soit en traitant par l'eau la substance connue sous le nom de *phosphure de chaux*, et qu'on prépare en faisant agir au rouge de la vapeur de phosphore sur de la chaux vive, soit en chauffant dans une petite fiole à fond plat un mélange de phosphore et de chaux hydratée.

Le phosphure d'hydrogène qu'on obtient par cette méthode s'enflamme spontanément à l'air, propriété qu'il doit à la présence d'une petite quantité d'un phosphure liquide et très-volatil qui s'y trouve répandu sous forme de vapeur et qui, prenant feu dès qu'il a le contact de l'oxygène, détermine l'inflammation du gaz.

C'est au dégagement de ce gaz dans les cimetières et dans les lieux humides qui renferment à la fois des matières phosphorées et des substances organiques en décomposition, qu'il faut attribuer l'apparition de ces flammes désignées sous le nom de *feux follets* qui épouvantent les personnes ignorantes.

La combinaison de l'arsenic avec l'hydrogène, moins stable que la précédente, se détruit à la température du rouge sombre en laissant déposer une couche miroitante d'arsenic libre sur les parois du tube que traverse le gaz. C'est sur cette propriété qu'est fondé l'appareil imaginé par Marsh, dont on fait usage dans les recherches de médecine légale pour reconnaître des traces d'arsenic.

Qu'on introduise en effet dans le petit appareil, qui sert à la préparation de l'hydrogène, une très-faible quantité de la substance qu'on suppose renfermer de l'arsenic; et ce dernier, se trouvant en présence de l'hydrogène naissant, formera de l'hydrogène arsenié.

Met-on le feu maintenant au jet de gaz, la flamme présentera vers la pointe une teinte livide, et si on l'écrase au moyen d'un corps froid, tel qu'un objet en porcelaine, il s'y déposera aussitôt une couche miroitante d'arsenic.

SIXIÈME LEÇON.

EAU. EAU OXYGÉNÉE OU BIOXYDE D'HYDROGÈNE.

Eau considérée sous ses trois formes. — Eau solide, glace, givre, neige. — Cristaux. Chaleur latente de fusion de la glace. Dilatation brusque qu'éprouve l'eau au moment de sa solidification. Effets mécaniques. Expériences de Tyndall, relatives à la compression de la glace. — Eau sous forme liquide. Maximum de densité. Coloration. Pouvoir dissolvant de l'eau relativement aux sels et aux gaz. Capacité calorifique de l'eau liquide. Courants de la mer. Gulf-stream. Régularisation des températures à la surface de la terre produite par les courants. — Eau sous forme de vapeur. Ébullition. Chaleur latente de vaporisation. Marmite de Papin. Expériences de Cagniard de la Tour et de Boutigny. Caléfaction. Expériences servant à démontrer que les eaux naturelles retiennent en dissolution du gaz et des sels. — Eaux douces ou potables. Eaux crues. Eaux thermales. Substances qu'on rencontre le plus communément dans les eaux naturelles. Purification. Distillation. Alambic. Action de la chaleur et de l'électricité sur l'eau. Composition de l'eau déterminée par l'analyse et par la synthèse. — Eau oxygénée ou bioxyde d'hydrogène. — Propriétés physiques de ce corps. — Action des corps simples et composés sur le bioxyde d'hydrogène. — Renversement des lois de l'affinité. — Action de la fibrine. Action de l'eau oxygénée sur les sulfures métalliques. Application de ce corps à la restauration des anciens tableaux. Formation constante du bioxyde d'hydrogène dans la nature. — Moyen de reconnaître des traces de cette substance.

EAU OU PROTOXYDE D'HYDROGÈNE.

Après l'air, il n'est pas de substance qui mérite plus que l'eau de fixer notre attention; elle nous intéresse, en effet, au point de vue du triple rôle qu'elle joue dans la science, dans l'industrie et dans la nature.

Lorsque, vers la fin du dernier siècle, on avait considéré l'eau comme un élément, lorsqu'en l'année 1781 Cavendish ayant observé la formation de cette substance par la combustion de l'hydrogène au milieu de l'air (fig. 30), crut pouvoir en conclure que c'était un véritable composé résultant de l'union de ce gaz avec l'oxygène de l'atmosphère; cette opinion basée sur l'expérience fut bientôt confirmée par les travaux remarquables de Monge d'une part, de Lavoisier et Meunier de l'autre.

La découverte de la constitution de l'eau, en nous révélant une simplicité de rapports des plus remarquables entre le volume de ses principes constituants et celui de la vapeur formée, n'a pas manqué d'exercer une influence aussi salutaire que rapide sur le développement de la chimie. Personne de vous n'ignore le nombre et l'importance des applications industrielles de l'eau : les chemins de fer et la navigation à la vapeur nous en offrent d'éclatants exemples, les services nombreux qu'elle rend à l'hygiène et à la médecine sont incontestables, et vous savez le parti qu'on en peut tirer pour l'assainissement de nos villes et de nos habitations. Mais c'est surtout au point de vue du

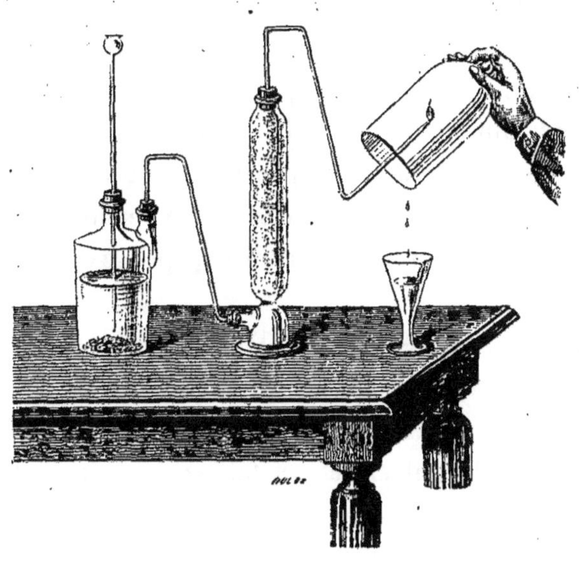

Fig. 30.

rôle que l'eau joue dans la nature qu'elle nous offre l'intérêt le plus saisissant.

Cette substance forme environ les quatre cinquièmes du poids des végétaux et des animaux.

Si l'air était privé de la faible quantité de vapeur aqueuse qu'il renferme, il serait incapable d'entretenir la fécondité et la vie.

C'est par l'intermédiaire de l'eau que les principes organiques et minéraux pénètrent dans les êtres organisés. C'est elle enfin qui, après avoir puisé dans l'air, dans le sol et les engrais les aliments des végétaux, s'infiltre dans les racines et fait pénétrer ces matières nutritives jusque dans les cellules les plus profondes et jusqu'aux cimes les plus élevées.

L'eau se présente à nous, dans des limites de température assez étroites, sous les trois formes particulières que revêt la matière. C'est ainsi que nous la voyons prendre l'état solide durant les froids de l'hiver, qu'elle se présente sous forme liquide aux températures ordinaires de nos climats, et qu'il suffit de l'échauffer convenablement pour la transformer en un fluide aériforme, qui se confond avec l'air lui-même.

Afin de faire une étude complète de l'eau, nous allons l'examiner successivement sous ces trois formes.

L'eau prend l'état solide, sous nos latitudes, dans les grands froids de l'hiver, et cristallise. Si la masse d'eau soumise au refroidissement est bien pure, les cristaux formés s'enchevêtrent si bien les uns dans les autres qu'on n'obtient que des masses transparentes, continues, dans lesquelles on ne retrouve plus aucun indice de cristallisation. Si l'eau qui se refroidit contient des corps étrangers en suspension, comme les eaux bourbeuses par exemple, les petits corps solides, ainsi disséminés dans le liquide, servent de centres de cristallisation aux petits glaçons, qui se séparent alors sous la forme d'hexaèdres réguliers parfaitement définis. On observe quelquefois dans le givre de petites paillettes hexaédriques ainsi que des assemblages de prismes qui se groupent autour d'un centre de manière à figurer des étoiles; les différentes formes cristallines qu'affecte l'eau appartiennent donc au système rhomboédrique.

La neige n'est pas un agrégat irrégulier de particules

de glace; lorsqu'elle se forme dans une atmosphère parfaitement calme, les molécules de la vapeur d'eau se groupent au moment de leur solidification de manière à produire les figures les plus élégantes. Ce sont de véritables fleurs (fig. 31), dont la formation peut s'expliquer de la manière suivante.

D'un noyau central sortent six aiguilles formant deux à

Fig. 31.

deux des angles de soixante degrés. De ces aiguilles centrales sortent à droite et à gauche d'autres aiguilles, plus petites, traçant à leur tour un angle de soixante degrés. Sur ces aiguillettes viennent s'en embrancher d'autres plus petites encore, toujours sous le même angle de soixante degrés, et ainsi de suite.

On conçoit alors très-bien que par cette disposition il puisse se former une série de fleurs à six pétales présentant les aspects les plus variés et les plus merveilleux.

Ces fleurs de glace couvrent les cimes des Alpes, formant des masses éblouissantes de blancheur, que les accidents atmosphériques viennent bientôt détruire.

Si on fait passer à travers un bloc de glace bien limpide, et dans lequel aucune trace de cristallisation ne se manifeste, un faisceau de lumière électrique, une portion de ce faisceau émerge de l'autre côté du bloc, tandis que la seconde portion qui s'y est arrêtée l'anatomise en quelque sorte. Si l'on dispose une lentille en avant de la plaque de glace et qu'on projette son image agrandie sur un écran, on observe une étoile à laquelle une autre succède, et à mesure que la fusion continue, la glace se résout de plus en plus en étoiles à six rayons, ressemblant chacune à une fleur à six pétales (fig. 32), dont les bords se couvrent peu à peu de dentelures, de manière à dessiner sur l'écran de véritables feuilles de fougère.

Lorsqu'on abandonne dans une enceinte échauffée soit de la neige, soit de la glace pilée, celle-ci fond bientôt, et l'on peut facilement s'assurer que la température n'éprouve pas la plus légère variation jusqu'à ce que les dernières traces de glace aient disparu. Les physiciens ont pris cette température constante pour le zéro du thermomètre.

Puisque la température demeure invariable pendant toute la durée de la fusion de la glace, malgré la chaleur fournie par l'enceinte, il faut bien admettre que l'eau solide, rien que pour se changer en eau liquide, absorbe une certaine quantité de chaleur. Une expérience fort simple

Fig. 32.

va nous permettre d'évaluer avec une grande exactitude la chaleur absorbée dans cette circonstance.

Si l'on mêle deux kilogrammes d'eau liquide, l'un à 0°, l'autre à 79°, le mélange possédera la température moyenne de 39°,5, ce qui se conçoit aisément. Si maintenant on ajoute au kilogramme d'eau à 79° un kilogramme de glace à 0°, on obtiendra finalement deux kilogrammes d'eau liquide à 0°. D'où il suit qu'un kilogramme de glace a besoin pour fondre de la quantité de chaleur qui serait nécessaire pour porter ce même kilogramme d'eau de 0° à 79°. On désigne sous le nom de *chaleur latente de fusion* cette quantité de chaleur emmagasinée par la glace pour éprouver ce changement d'état. C'est par cette raison que durant le dégel la glace fond si lentement.

Lorsqu'au lieu d'abandonner de l'eau dans une atmosphère agitée, on la dispose dans un lieu parfaitement tranquille où elle puisse se refroidir avec une extrême lenteur, la température peut s'abaisser jusqu'à 10 ou 12 degrés au-dessous de 0°, sans que la congélation se produise. Agite-t-on le vase, ou bien y projette-t-on un corps étranger, la congélation se produit instantanément et la température remonte à 0°. Ce fait intéressant ne constitue pas une exception, et nous verrons en effet plus tard que le soufre fondu peut être amené à une température très-inférieure à celle de sa fusion sans se solidifier; mais, dès qu'on agite le vase qui le contient, il cristallise, et la température remonte jusqu'à 115 ou 116 degrés.

Au moment où l'eau liquide à 0° passe à l'état de glace, elle éprouve une dilatation considérable; c'est ainsi que 14 litres d'eau liquide produisent environ 15 litres de glace. Par suite de cette dilatation, la densité de l'eau solide s'abaisse notablement. C'est ce qui explique pourquoi, dans les grands froids de l'hiver, la glace nage à la surface des rivières. La densité de la glace est, en effet, de 0,94, celle de l'eau pure à + 4° étant prise pour unité.

C'est un fait providentiel que l'eau solide soit plus légère que l'eau liquide. S'il en était autrement, la glace tomberait au fond des rivières au fur et à mesure de sa production, et ce mouvement se continuant, les cours d'eau se changeraient en blocs de glace depuis leur surface jusqu'à leur fond; par suite, la mort de tous les êtres aquatiques serait inévitable. Non-seulement la température des eaux profondes ne s'abaisse pas jusqu'à 0°; mais elle ne peut pas même descendre au-dessous de + 4°, en vertu de la propriété qu'elle possède de présenter à cette température un maximum de densité.

La force avec laquelle l'eau se dilate en passant à l'état de glace est telle que les vases les plus épais qu'on en remplit se brisent dès qu'elle vient à se solidifier. L'expérience suivante, qu'on répète dans tous les cours de physique et de chimie, est très-concluante à cet égard. On prend un canon de pistolet dont la lumière a été préalablement bouchée; on le remplit d'eau, puis on le ferme bien hermétiquement à l'aide d'un bouchon en fer à vis. Si dans cet état on le dispose dans un mélange de glace et de sel marin, l'eau se congèlera rapidement, et le canon, quoique fort épais, se brisera en faisant entendre un petit bruit sec. Le canon, étant retiré du mélange réfrigérant, laissera voir une large déchirure par laquelle une portion de l'eau solide s'est épanchée. Les bombes les plus épaisses se brisent dans les mêmes circonstances.

C'est par un effet tout semblable que se détruisent certaines pierres de construction qu'on désigne sous le nom de *pierres gélives*. C'est également à cette dilatation brusque qui s'opère au moment de la congélation de l'eau qu'il faut rapporter la rupture des tuyaux de conduite, lorsqu'on n'a pas pris la précaution d'arrêter la circulation de l'eau au début des gelées. C'est encore la même cause qui détermine le soulèvement du sable placé entre les pavés et détruit le pavage des rues.

Les plantes et les animaux deviennent beaucoup plus altérables lorsqu'ils ont été gelés; ce qui tient à l'épanchement des liquides contenus dans leurs cellules, dont les parois se sont brisées au moment où s'est opérée la congélation de l'eau qu'elles renferment. Ces liquides se trouvant alors en contact immédiat avec l'air, éprouvent une décomposition rapide qu'accompagne toujours une odeur fétide. On peut s'expliquer de la même manière les dégâts que produit la gelée chez les plantes lorsqu'elle les frappe au moment où la séve commence à circuler, surtout lorsque celles-ci se trouvent engorgées d'eau.

Lorsqu'on comprime fortement une masse de glace, cette dernière commence par se diviser en une foule de petits fragments qui se soudent presque aussitôt les uns aux autres pour former un solide continu dont la forme est essentiellement différente de celle du bloc primitif, comme si cette substance possédait, à la manière de l'argile, une certaine plasticité.

Un physicien anglais, M. Tyndall, a mis ce fait en pleine lumière, en comprimant un morceau de glace dans une série de moules présentant les formes les plus diverses, telles que celle d'une sphère, d'une lentille, d'une coupe, etc. Le fragment primitif prit successivement ces diverses formes, et chacun de ces solides était formé d'un seul bloc, comme si l'on eût introduit dans ces divers moules une substance douée d'une grande plasticité.

On peut s'expliquer ce phénomène en admettant que la compression de la glace a déterminé la fusion d'une partie de cette substance, qui pénètre dans les pores de la masse entière, cheminant des points où la pression est la plus forte vers ceux où elle est la plus faible. L'excès de pression vient-il à disparaître, l'abaissement de température détermine la solidification de la partie liquéfiée qui s'était logée dans les interstices des fragments; d'où résulte un changement de forme absolument semblable à celui qui se produirait dans un corps plastique.

Sous forme liquide, l'eau la plus pure nous paraît entièrement incolore lorsque nous l'examinons sous de faibles épaisseurs. Il n'en est plus de même lorsqu'on la considère en grandes masses : elle présente alors une couleur d'un bleu clair qu'on ne saurait méconnaître. Tel est le phénomène que nous offre l'eau des lacs et des glaciers de la Suisse. Les eaux des fleuves et des rivières présentent d'autres couleurs, et plus particulièrement le jaune et le vert, résultat qu'il faut attribuer à la présence d'une proportion plus ou moins considérable d'une substance ocreuse qui se trouve en suspension dans ces eaux.

L'eau des fleuves, des rivières, des sources, n'a pas de saveur sensible, ce qui se conçoit facilement en raison de son contact habituel avec notre langue dès que nous entrons dans la vie. L'eau parfaitement pure, et débarrassée par conséquent de la petite quantité de substances gazeuses ou salines que renferment toutes les eaux naturelles, possède une saveur faible, légèrement désagréable, et qui rappelle celle de quelques dissolutions métalliques. Quant à son odeur, elle est complétement nulle.

Lorsqu'on échauffe très-lentement de l'eau liquide prise à 0°, son volume diminue jusqu'à + 4°, puis augmente progressivement jusqu'à la température de son ébullition, qui est constante. A + 8°, le volume de l'eau est sensiblement le même qu'à 0°. L'eau possède donc un maximum de densité à la température de + 4°.

L'eau dissout un très-grand nombre de substances salines, et se charge en général d'une proportion d'autant plus grande de ces dernières que sa température est plus élevée. Cette règle comporte un très-petit nombre d'exceptions, principalement en ce qui concerne certains sels calcaires. En abandonnant ces dissolutions saturées, soit à un refroidissement lent, soit à l'évaporation spontanée, le sel dissout se sépare graduellement sous des formes géométriques bien définies.

Les cristaux sont d'autant plus volumineux et présentent des formes d'autant plus nettes qu'ils se sont déposés plus lentement du dissolvant. On met à profit cette propriété soit dans les laboratoires, soit dans les arts pour faire cristalliser un grand nombre de corps.

Tous les liquides volatils qui peuvent ainsi se charger de proportions plus ou moins considérables de substances solides diverses sont susceptibles de servir ainsi que l'eau à opérer la cristallisation d'un grand nombre de corps.

L'eau dissout également les gaz, mais ici se présente un phénomène inverse de celui que nous offraient les sels, c'est-à-dire que leur solubilité décroît à mesure que la température de l'eau s'élève. En effet, lorsque l'eau renferme en dissolution un gaz qui ne forme pas avec elle de combinaison, on peut toujours l'en faire dégager en employant la chaleur ou le vide. C'est ainsi que l'eau, chargée d'oxygène, de chlore, d'acide carbonique, d'ammoniaque, etc., laisse dégager intégralement ces gaz lorsqu'on la fait bouillir ou qu'on la place sous le récipient de la machine pneumatique. Il n'y a d'exception que dans le cas où le gaz peut former avec l'eau des combinaisons définies. Ni la chaleur, ni le vide, ne peuvent alors en opérer la séparation. Tel est le résultat que nous présente la dissolution aqueuse d'acide chlorhydrique. En effet, celle-ci perd, il est vrai, une portion du gaz qu'elle contient à mesure qu'on l'échauffe, mais lorsqu'elle est arrivée à un certain degré, elle passe intégralement à la distillation, constituant une véritable combinaison à proportions définies d'acide chlorhydrique et d'eau.

L'eau possède une capacité calorifique considérable, et par suite emmagasine des quantités de chaleur exceptionnelles. Grâce à cette propriété précieuse, elle modère et régularise la température à la surface de la terre. Par suite de son extrême abondance, car elle recouvre environ les $\frac{3}{4}$ de la surface du globe, elle absorbe pendant l'été les rayons solaires sans s'échauffer d'une manière trop considérable, et pendant l'hiver elle restitue peu à peu cette chaleur aux corps qui l'avoisinent, de façon qu'il ne se produit pas à la surface de la terre de ces changements brusques de température qui pourraient nuire à notre santé. Cette grande capacité de l'eau pour la chaleur a pour autre effet d'équilibre, les températures des régions les plus éloignées du globe, et l'Angleterre et la France lui doivent notamment la douceur relative de leur climat. Les moyens que la nature met en œuvre pour atteindre ce but sont les grands courants de la mer.

Celui de ces courants qui présente le plus d'intérêt prend sa source dans le golfe du Mexique, ce qui lui a valu le nom de *Gulf-Stream*, c'est-à-dire courant du golfe.

Ce golfe est un véritable foyer de chaleur, tant parce qu'il se trouve sous la zone torride que parce qu'il est encaissé de toutes parts. Il s'en échappe, par le détroit de la Floride, un flot immense d'eau tiède, dont la largeur est de 56 kilomètres, la profondeur d'un kilomètre et la vitesse de 8 kilomètres à l'heure.

Au sortir du golfe le courant s'élance dans l'Atlantique, en conservant intactes pendant plus de mille lieues ses belles eaux bleues dans le lit verdâtre de l'Océan, et manifestant, relativement à la température de ce dernier qui en forme les rives, un excès de 12 à 15 degrés.

Il marche ainsi rapidement jusqu'aux bancs de Terre-Neuve, où il reçoit le choc formidable du courant qui descend du pôle, chargé quelquefois de montagnes de glace. Ce choc épouvantable brise le Gulf-Stream en plusieurs tronçons épars : l'un qui court au nord-est vient fondre les glaces de l'Islande et de la Norvége; le second entoure d'une ceinture d'eau tiède les îles Britanniques, tandis que la troisième branche pénètre dans la Manche, en produisant à Cherbourg et à Saint-Malo une température hivernale plus douce que celle de la Lombardie. Enfin, le Gulf-Stream, épuisé et refroidi, apporte un peu de fraîcheur sur les côtes du Portugal et de l'Afrique, et va de l'autre côté des îles du Cap-Vert rejoindre le courant équatorial qui le ramène à son foyer primitif.

Dans le cercle parfait formé par ce courant, ne voyez-vous pas un de ces calorifères gigantesques à circulation d'eau chaude, dans lesquels l'eau s'échappe d'une chaudière, et y revient après avoir échauffé les diverses parties d'un édifice, en circulant dans des tuyaux qui communiquent les uns avec les autres. Si donc l'eau ne possédait pas cette capacité calorifique, en vertu de laquelle le Gulf-Stream ne perd pas un demi-degré par centaine de lieues parcourues, le Mexique et les Antilles brûlés par le soleil, nos pays plongés dans un froid glacial deviendraient à peu près inhabitables par l'exagération inverse de leur température.

Dans la transformation de l'eau liquide en vapeur, il se manifeste des phénomènes tout aussi dignes d'intérêt que ceux qu'elle présente dans son passage à l'état solide. On sait qu'à la température de 100 degrés sous la pression de 0^m,760 l'eau se réduit tout entière en un fluide aériforme, et qu'elle produit 1700 fois son volume de vapeur.

La température à laquelle l'ébullition de l'eau se produit varie avec la pression exercée à sa surface; elle va en diminuant à mesure qu'on s'élève dans l'atmosphère, ce dont on peut facilement s'assurer en échauffant ce liquide à diverses hauteurs sur les flancs d'une montagne. C'est ainsi que M. John Tyndall a trouvé qu'au sommet du mont Blanc, en août 1859, la température d'ébullition de l'eau était de 84°,97; le 3 août 1858, la température d'ébullition sur le sommet du Finsterahorn était de 86,1 et de 84,95 au sommet du mont Rosé. On a calculé qu'à mesure qu'on s'élève de 324 à 325 mètres, la température d'ébullition de l'eau devait s'abaisser de 1°, d'où il suit qu'on peut déduire approximativement la hauteur de la station où l'on se trouve de la température à laquelle l'eau y bout. Pareillement lorsqu'on dispose sous le récipient de la machine pneumatique un vase contenant de l'eau, puis qu'on fait jouer les pistons, on voit au bout de quelques instants des bulles apparaître, bien que la température soit basse; et si l'on opère le vide avec rapidité, l'eau tout entière se solidifiera par suite du froid que détermine la formation de cette vapeur d'eau.

Plus on échauffe l'eau, plus l'évaporation est rapide, celle-ci se produit toutefois d'autant plus promptement qu'on entraîne la vapeur d'eau au fur et à mesure de sa formation, d'où il suit qu'une des conditions les plus favorables à l'évaporation est la ventilation, dont le but est de remplacer des couches d'air saturées d'humidité par de nouvelles couches d'air normal.

De même qu'on constate une absorption considérable de chaleur dans le passage de l'eau solide à l'état liquide, dont le but unique est de la maintenir sous ce nouvel état, de même aussi dans la transformation de l'eau liquide en vapeur, il y a de grandes quantités de chaleur absorbées qui servent uniquement à l'amener à cette nouvelle forme.

Cette chaleur de vaporisation serait d'après les expériences de plusieurs savants, et notamment de Despretz, environ 5 1/2 supérieure à celle qu'il faudrait employer pour élever le même poids d'eau de 0° à 100°. D'où il suit que si l'on réduit en vapeur un kilogramme d'eau, et qu'on fasse passer cette vapeur dans 5 kilog. 1/2 d'eau liquide à 0, on devra finalement produire 6 kilog. 1/2 d'eau à 100°, ce que l'expérience confirme pleinement. On comprend dès lors tout le parti qu'on peut tirer de cette propriété dans les arts lorsqu'on se propose d'échauffer de grandes quantités de liquides que l'action directe du feu décomposerait. On utilise également la chaleur abandonnée par la vapeur en se liquéfiant pour échauffer des serres, des étuves, des salles de spectacles, etc., etc.

Lorsqu'on chauffe de l'eau dans des vases fermés, de

nouvelles vapeurs se forment à chaque instant, et comme elles ne trouvent pas d'issue elles exercent à la surface du liquide des pressions de plus en plus considérables, et s'opposent au phénomène de l'ébullition. Si on continuait à chauffer le vase il se développerait évidemment dans son intérieur une tension tellement considérable qu'à un moment donné il serait inévitablement brisé. Offre-t-on alors une issue à la vapeur, celle-ci s'élance avec un fort sifflement au dehors en formant une colonne de plusieurs mètres de hauteur. Cette vapeur, se dilatant à mesure qu'elle arrive au contact de l'atmosphère, se refroidit assez pour qu'on puisse y plonger la main sans éprouver de sensation de chaleur appréciable. Bientôt, l'excès de vapeur s'étant dégagé, et, la pression étant retombée à celle de l'atmosphère ambiante, le phénomène de l'ébullition se manifeste immédiatement, et l'on ne pourrait alors placer la main dans la vapeur sans être fortement brûlé.

Papin a le premier utilisé cette production de vapeur sous pression dans un appareil qu'on désigne sous le nom de marmite de Papin.

Celle-ci se compose d'un cylindre de bronze (fig. 33) à parois très-épaisses, muni d'un couvercle de même métal qu'on y fixe au moyen d'une vis de pression et qu'on serre avec force.

Ce couvercle est percé d'un trou qu'on bouche avec une rondelle de carton maintenue dans cette position par le poids d'un levier mobile à son extrémité.

Un poids placé à l'autre extrémité, à des distances variables, permet de produire à l'intérieur de cet appareil des tensions de plus en plus grandes. Si la tension de la vapeur dépasse cette limite, le poids est soulevé, donnant issue à une colonne de vapeur plus ou moins haute, et re-

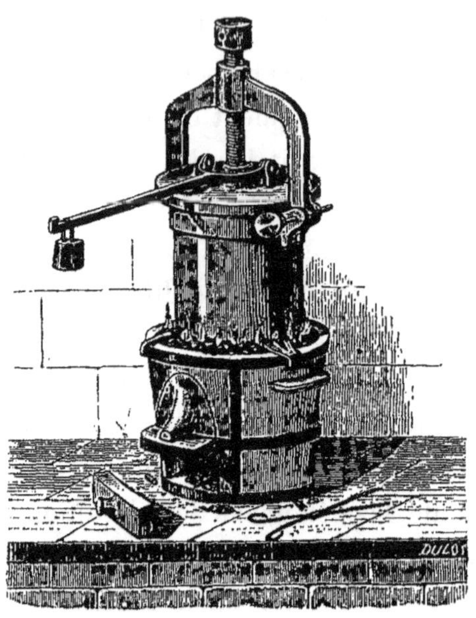

Fig. 33.

produisant tous les phénomènes dont nous venons de parler.

En modifiant convenablement la marmite de Papin, on a donné naissance à des appareils désignés sous le nom de *digesteurs*, qui permettent d'extraire de débris animaux ou végétaux, à l'aide de liquides, tels que l'eau, l'alcool ou l'éther, des substances que ceux-ci n'eussent pu dissoudre qu'en proportions très-minimes à la pression atmosphérique ordinaire.

Si l'on chauffe de l'eau à des températures élevées dans des tubes de verre très-épais, purgés d'air et scellés à la lampe, on observe, ainsi que l'a constaté Cagniard-Latour, que cette eau pouvait se réduire en vapeur dans un espace qui n'était que quatre fois supérieur à son volume. Les différents liquides volatils, tels que l'alcool, l'esprit de bois, l'éther, l'essence de térébenthine, donnent naissance à des résultats semblables. L'éther se réduit dans un espace double de celui que présente son volume à l'état liquide. Cette transformation s'effectue vers 200°, la tension de la vapeur est d'environ 38 atmosphères.

Lorsqu'au lieu d'échauffer de l'eau à 100° sous la pression normale de l'atmosphère, on laisse tomber ce liquide goutte à goutte à l'aide d'une pipette dans une capsule de platine ou d'argent chauffée au rouge, celles-ci se rassemblent en un petit sphéroïde qui demeure à l'état liquide. Si l'on éloigne la source de chaleur la capsule se refroidit graduellement, et lorsque la vapeur n'a plus assez de tension pour maintenir le petit sphéroïde en suspension le contact s'établit entre le liquide et les parois, et il se produit une ébullition violente.

L'expérience peut se faire sous une autre forme. Disposons à la surface d'une masse d'eau chaude contenue dans une capsule de porcelaine, une petite coupe d'argent chauffée au rouge vif. Que devra-t-il arriver? Ne semble-t-il pas au premier abord que cette coupe doit céder son excès de chaleur à l'eau pour se mettre en équilibre de température avec elle. Eh bien, il n'en est rien. La coupe fait naître pendant un certain temps au-dessous d'elle une quantité de vapeur suffisante pour la maintenir soulevée au-dessus de l'eau, et ce phénomène persiste jusqu'à ce que la température de la coupe se soit assez abaissée pour ne plus pouvoir produire de vapeur à une tension capable de lutter contre le poids de la coupe. A ce moment, il y a véritablement contact entre le vase et l'eau; c'est alors qu'on observe ce sifflement qui se produit ordinairement lorsqu'on plonge un métal chaud dans un liquide.

Un boulet de platine rouge de feu qu'on introduit dans une masse d'eau produit un phénomène semblable. La sphère du métal est entourée d'une gaîne de vapeur qui s'oppose à son contact avec le liquide, mais comme précédemment il arrive une époque où le contact s'établit, et dès lors il se produit un abondant dégagement de vapeur.

On peut à l'aide d'une expérience fort simple due à M. Tyndall démontrer que le petit sphéroïde liquide qui se promène dans la capsule est maintenu en suspension au-dessus de la paroi métallique. A cet effet on prend une coupe plate renversée et dont le fond est légèrement creusé de manière à pouvoir contenir une goutte de liquide. La coupe étant chauffée convenablement, on place une goutte d'encre additionnée d'un peu d'alcool dans la partie creusée. Si l'on tend alors un fil de platine verticalement derrière la goutte et qu'on le rende incandescent en y faisant passer un courant électrique, puis qu'on place l'œil au niveau du fond de la goutte, on aperçoit le fil rougi à travers l'intervalle qui sépare cette dernière de la surface qui la supporte. On arriverait à la même conclusion en remplaçant la coupe précédente par une plaque de cuivre bien décapée, percée de trous. Qu'on chauffe cette plaque au rouge et qu'on y laisse tomber de l'eau goutte à goutte, celles-ci se souderont pour former un petit sphéroïde qui se promènera longtemps sur la surface échauffée. Si l'on répète la même expérience avec la plaque froide, l'eau s'échappe par les trous, ce qui démontre bien que dans l'expérience précédente il n'y avait aucun contact entre le liquide et la paroi métallique.

Si pareillement on chauffe le fond d'une chaudière en cuivre (fig. 34) dont on fermera l'orifice avec un bouchon

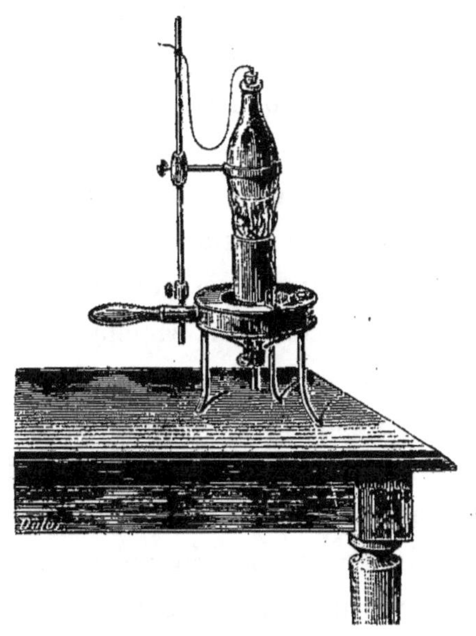

Fig. 34.

de liége après y avoir introduit avec précaution quelques centimètres cubes d'eau, celle-ci ne produira que très-peu de vapeur et le bouchon demeurera fixe; qu'on éloigne maintenant la source de chaleur, la température, s'abaissant rapidement, tombera bientôt au-dessous de 171°, température à laquelle l'eau cesse de prendre l'état globulaire, le contact s'établira dès lors entre le liquide et la paroi chaude, d'abondantes vapeurs se produiront, et le bouchon sera violemment projeté.

Les faits précédents permettent de se rendre compte des explosions qui se produisent dans les chaudières des machines à vapeur. En effet, la proportion de vapeur diminuant par suite d'un trop grand échauffement de la paroi, l'ouvrier chauffe de plus en plus pour obtenir un effet qui s'amoindrit constamment; il laisse alors tomber le feu, c'est alors qu'il se forme une quantité subite de vapeur à laquelle succède bientôt une explosion. Cet état particulier des liquides en présence des parois fortement échauffées nous permet également de comprendre comment on peut plonger impunément la main dans un bain de plomb chauffé à une température très-notablement supérieure à celle de sa fusion, et comment également on peut couper avec la main un jet de fonte en pleine fusion. En effet, la sueur qui perle à la surface de la peau, et que l'émotion de l'expérience augmente nécessairement, passant à l'état sphéroïdal, forme une sorte de gaîne qui non-seulement préserve la main du contact du métal, mais encore des rayons calorifiques qui en émanent.

L'étude du rôle de l'eau dans l'alimentation va nous offrir encore une de ces harmonies que la nature étale si fréquemment à nos yeux et que nous ne saurions trop admirer.

D'où viennent les eaux qui s'échappent du sol sous la forme de sources, ou qui circulent à sa surface à l'état de fleuves ou de rivières, c'est-à-dire les eaux potables? Elles nous viennent de la mer. Mais comment, dira-t-on, cette eau peut-elle venir de la mer, lorsque nous savons que les eaux de ces sources, de ces rivières, de ces fleuves se déversent à la mer par leur pente naturelle?

Par un échange incessant, par une transformation inverse; au moyen de l'évaporation, les vapeurs qui se dégagent incessamment à la surface de la mer forment des nuages qui, se résolvant en pluies, reforment ces sources, ces fleuves, ces rivières qui retournent à la mer. Grâce à cette circulation non interrompue, l'équilibre des eaux et des mers subsiste immuable.

L'alambic, dont je vous parlerai dans un instant, avec ses diverses parties, nous donne une reproduction microscopique de l'échange qui se passe entre l'eau, le ciel et la terre.

La chaudière de l'alambic terrestre est l'Océan tout entier, son foyer est le soleil, le ciel est l'immense chapiteau qui le recouvre, l'air froid, les cimes des montagnes, les glaces du pôle sont les réfrigérants de cet alambic gigantesque qui débite le volume d'eau que tous les fleuves réunis de la terre jettent à la mer.

L'eau de pluie est donc de l'eau distillée, mais tenant en dissolution tout ce qu'elle a balayé dans l'atmosphère qu'elle traverse.

L'eau des sources, des fleuves et des rivières, beaucoup plus impure, renferme, indépendamment des gaz qu'elle emprunte à l'atmosphère, comme l'eau de pluie, des matières salines qu'elle prend au sol sur lequel elle coule.

Des expériences très-simples vont nous permettre de constater l'existence de matières salines et gazeuses en dissolution dans les eaux naturelles.

Qu'on évapore dans une capsule de verre parfaitement

nette, environ un litre d'une eau potable quelconque, et l'on constatera toujours la présence d'un résidu plus ou moins abondant sur ses parois.

Veut-on démontrer maintenant l'existence des gaz qui y existent en dissolution, on remplira complétement du liquide un ballon de verre d'une capacité de 2 à 3 litres qu'on fera communiquer (fig. 35) avec un tube également

Fig. 35.

rempli d'eau dont l'extrémité s'engage sous une cloche pleine de mercure. Lorsque l'expérience est disposée de la sorte, on chauffe lentement le ballon jusqu'à ce que l'eau soit en pleine ébullition : on constate bientôt alors le dégagement d'un fluide élastique qui vient se rassembler au sommet de la cloche, et qui se trouvait nécessairement dissous dans l'eau mise en expérience.

Le gaz ainsi dégagé, beaucoup plus riche en oxygène que l'air ordinaire, contient en outre, ainsi que l'a constaté M. Péligot, de l'acide carbonique. Il résulte en effet d'analyses exécutées avec beaucoup de soin par ce savant que l'acide carbonique entre environ pour moitié dans le volume des gaz qui sont dissous dans l'eau de la Seine et dans toutes celles qui renferment du bicarbonate de chaux.

L'air dissous dans l'eau sert à la respiration des poissons. On peut mettre ce fait en évidence en faisant bouillir de l'eau pour chasser l'air qu'elle tient en dissolution, et la laissant refroidir ensuite dans un vase hermétiquement fermé. Un poisson que l'on plonge dans cette eau ne tarde pas à y périr.

On sait que les poissons ne viennent jamais respirer à la surface, et qu'ils possèdent des appareils branchiaux destinés à absorber l'oxygène qui y existe en dissolution.

L'air que l'eau tient en dissolution donne aux eaux de source leur saveur fraîche et agréable. Privées de cet air, elles deviennent lourdes et se digèrent mal.

L'air retiré de l'eau par l'ébullition renferme une proportion d'oxygène plus considérable que l'air normal. En faisant abstraction de l'acide carbonique dont on peut facilement se débarrasser, en agitant le gaz avec une liqueur alcaline, on trouve en effet par les rapports de l'oxygène et de l'azote les nombres suivants :

Oxygène	32
Azote	68
Gaz analysé	100

En considérant l'air comme un simple mélange d'oxygène et d'azote, et partant des solubilités respectives de ces deux gaz dans l'eau, le calcul conduit à des nombres identiques à ceux que vient de nous fournir l'expérience.

Les sels que les eaux naturelles renferment en dissolution sont de nature très-variable et dépendent de la composition des terrains que ces eaux ont traversés. Lorsque la proportion de ces sels est très-faible, elles sont le plus ordinairement propres à la boisson, à la cuisson des légumes, au savonnage, et n'ont pas de saveur appréciable. On les désigne alors sous les noms d'*eaux douces* ou *potables*.

Lorsqu'elles sont impropres à la cuisson des légumes et aux opérations du savonnage, on dit qu'elles sont *crues*.

On désigne sous le nom d'*eaux thermales* toutes les eaux naturelles dont la température est supérieure à la température ambiante.

Les composés qu'on rencontre le plus ordinairement dans les eaux naturelles sont :

1° Du carbonate de chaux dissous à la faveur d'un excès d'acide carbonique ;

2° Du carbonate de magnésie ;

3° Du chlorure de sodium ;

4° Du chlorure de magnésium ;

5° Du sulfate de soude ;

6° Du sulfate de chaux ;

7° De la silice et des silicates alcalins.

Indépendamment de ces substances, on trouve dans toutes les eaux naturelles des proportions variables de matières organiques.

L'effet nuisible produit par ces différents corps est loin

d'être le même : ce sont surtout les sels calcaires qui donnent aux eaux naturelles leurs propriétés fâcheuses au point de vue de certaines applications.

On divise les eaux crues en deux espèces principales :

1° Les eaux *séléniteuses*, qui renferment la majeure partie de leur chaux à l'état de sulfate. Elles ne se troublent pas par l'ébullition et donnent d'abondants précipités avec l'oxalate d'ammoniaque et le chlorure de barium.

2° Les eaux *calcaires*. Celles-ci font passer au violet la dissolution du bois de campêche, se troublent par l'ébullition et l'exposition à l'air, ou bien encore par l'addition de l'eau de chaux bien limpide.

Lorsque ces dernières eaux sont saturées de carbonate de chaux dissous à la faveur d'un excès d'acide carbonique et qu'elles sont abandonnées à l'air, elles laissent déposer ce sel, par suite de la séparation du gaz carbonique, sous la forme de cristaux qui recouvrent les corps solides qu'on y place. Les fontaines de Saint-Allyre, en Auvergne, de San Felipe, en Toscane, qui sont fortement chargées de carbonate de chaux, jouissent de propriétés incrustantes. Des corbeilles de fruits ou de fleurs, des nids de petits animaux qu'on place au milieu de ces sources se recouvrent promptement d'une couche très-mince de carbonate de chaux qui les préserve du contact de l'air, et par suite d'une décomposition ultérieure sans altérer leurs formes.

Lorsque des eaux chargées de carbonate de chaux suintent goutte à goutte à la partie supérieure d'une grotte elles laissent déposer lentement le sel qu'elles renferment et donnent par suite naissance à deux cônes, l'un partant de la voûte et tournant sa pointe vers le bas, l'autre partant du sol ayant sa pointe dirigée vers la partie supérieure. Au bout d'un grand nombre d'années, de quelques siècles peut-être, les cônes supérieurs auxquels on donne le nom de *stalactites* et les cônes inférieurs qu'on nomme *stalagmites* finissent par se rejoindre et forment de véritables colonnes ainsi que le représente la figure.

Fig. 36.

Les eaux des mers, des lacs salés et des sources salées sont bien plus impures que les eaux crues, et à plus forte raison elles ne sauraient être employées dans aucun cas aux usages de l'économie domestique.

Un litre de ces eaux laisse par l'évaporation un résidu dont le poids varie de 10 à 45 grammes. La matière solide qui y domine est le chlorure de sodium, le sel de cuisine ordinaire, dont le poids dépasse en moyenne les $\frac{2}{3}$ de celui du résidu salin qu'elles fournissent. On y rencontre pareillement et d'une manière constante du chlorure de magnésium, des sulfates de chaux, de soude, de magnésie, du carbonate de chaux, des bromures et des iodures alcalins.

Les eaux de la mer Noire, de la mer d'Azow et de la mer Caspienne renferment une moindre proportion de sels en dissolution que l'Océan et la Méditerranée ; quant aux matières salines qu'on rencontre dans les différentes mers, elles sont exactement les mêmes.

Les eaux de la mer Morte sont les plus impures de toutes. Bien que d'une limpidité remarquable elles sont tellement chargées de sels qu'aucun animal n'y peut vivre. Elles renferment une proportion notable de sels magnésiens, ce qui leur donne une amertume insupportable.

La composition de ces eaux présente des variations considérables suivant qu'on les analyse avant ou après la saison des pluies. Dans ce dernier cas la salure diminue d'une manière remarquable en raison de la grande quantite d'eau douce qu'y viennent déverser le Jourdain ainsi que d'autres cours d'eau.

Revenons maintenant aux eaux douces qui nous offrent le plus d'importance au point de vue des applications, et tout d'abord nous allons résumer dans un tableau la composition de l'eau de la Seine prise en différents points de son parcours.

EAU DE LA SEINE

Analyse de MM. Boutron et Henry.

SUBSTANCES CONTENUES DANS UN LITRE D'EAU.	PONT D'YVRY.	PONT NOTRE-DAME.	POMPE DU GROS-CAILLOU.	POMPE DE CHAILLOT.
	lit.	lit.	lit.	lit.
AZOTE ET OXYGÈNE.	0,003	0,003	0,004	0,003
ACIDE CARBONIQUE LIBRE.	0,013	0,014	0,014	0,013
	gr.	gr.	gr.	gr.
BICARBONATE DE CHAUX.	0,132	0,174	0,229	0,230
BICARBONATE DE MAGNÉSIE.	0,060	0,062	0,075	0,076
SULFATE DE CHAUX ANHYDRE.	0,020	0,039	0,040	0,040
SULFATE DE MAGNÉSIE ANHYDRE. . . SULFATE DE SOUDE ANHYDRE.	0,010	0,017	0,027	0,030
CHLORURE DE CALCIUM. . . . . CHLORURE DE MAGNÉSIUM. . . . . . . CHLORURE DE SODIUM.	0,010	0,025	0,032	0,032
SELS DE POTASSE.	traces	traces	traces	traces
AZOTATE ALCALIN.	traces	traces	traces très-sensibles	traces très-sensibles
SILICE, ALUMINE, OXYDE DE FER. . .	0,008	0,014	0,023	0,024
MATIÈRE ORGANIQUE AZOTÉE.	indices	traces	indices très-sensibles	indices très-sensibles
POIDS DES SUBSTANCES.	gr. 0,240	gr. 0,331	gr. 0,426	gr. 0,432

On peut bien débarrasser une eau douce des sels qui la rendent impropre à de certains usages domestiques, ou à quelques opérations industrielles à l'aide de certains réactifs, mais on ne fait que remplacer un produit nuisible par un autre qui ne l'est pas au point de vue que l'on considère. Pour débarrasser une eau naturelle des divers substances qu'elle retient en dissolution et l'obtenir à l'état de pureté parfaite, il faut recourir à la distillation, opération qui consiste à la réduire en vapeur à l'aide de la chaleur, puis à condenser la vapeur au moyen de son passage à travers un appareil convenablement refroidi. Cette opération fort simple permet de débarrasser l'eau de toutes les substances qu'elle tient en dissolution et qui, n'étant pas volatiles à la température à laquelle s'opère la distillation restent nécessairement comme résidu. On peut, à l'aide de cette méthode, transformer les eaux les plus impures en eau chimiquement pure.

L'appareil dont on fait usage pour atteindre ce but et qui présente des dimensions assez considérables lorsqu'il s'agit de distiller de grandes quantités d'eau porte le nom d'*alambic* (fig. 37). Ce dernier se compose d'une cornue formée de deux pièces qui s'emboîtent l'une dans l'autre. La pièce inférieure qui correspond à la panse d'une cornue ordinaire porte le nom de *cucurbite*. Celle qui la surmonte et qui représente le dôme est désignée sous le nom de *chapiteau*. Le col de ce dernier communique avec un tube qui présente la forme d'une spirale, et que pour cette raison on désigne sous le nom de *serpentin*. C'est dans ce dernier que s'opère la condensation de la vapeur.

Pour la déterminer le plus complétement possible, on

dispose le serpentin dans une caisse métallique présentant la forme d'un cylindre, au fond duquel on fait arriver

Fig. 37.

constamment de l'eau froide par l'intermédiaire d'un tube dont l'autre extrémité, terminée en entonnoir, communique avec un réservoir rempli d'eau. A mesure que le liquide de la caisse s'échauffe, il s'élève à la partie supérieure et s'échappe par un orifice; de telle sorte, que l'extrémité inférieure du serpentin est maintenue constamment à la température de l'eau qui afflue sans cesse dans cette caisse. Le col du chapiteau doit présenter une forte courbure, ainsi que l'atteste la figure, sans quoi de l'eau ordinaire, entraînée par projections avec la vapeur, viendrait se condenser dans le serpentin et souiller par suite l'eau distillée.

Les premières parties d'eau condensée, qui présentent une faible réaction alcaline due à la présence du carbonate d'ammoniaque, doivent être rejetées ; on doit rejeter pareillement les dernières portions qui renferment une petite quantité d'acide chlorhydrique dont il est facile d'expliquer l'origine. En effet, toute eau naturelle renferme du chlorure de magnésium que la vapeur d'eau décompose à une température supérieure à 100°. Lorsqu'il ne reste plus qu'une faible proportion d'eau dans la chaudière, le chlorure de magnésium, déposé contre les parois supérieures qui sont léchées par la flamme, atteignant une température supérieure à 100°, éprouve la décomposition que nous venons de signaler au contact de la vapeur aqueuse en donnant naissance à de l'acide chlorhydrique que cette dernière entraîne dans le serpentin. On peut, en effet, constater dans les dernières portions d'eau recueillies la présence de l'acide chlorhydrique au moyen de l'azotate d'argent.

On a cru pendant de longues années que l'eau résistait à l'action des températures les plus élevées. Des expériences très-nettes ont démontré que cette opinion était dénuée de fondement et que la chaleur nécessaire pour opérer la fusion du platine était plus que suffisante pour la réduire en ses deux éléments.

L'électricité la décompose également, à la condition toutefois de la rendre conductrice par l'addition d'une petite quantité d'un acide ou d'une matière saline. On peut facilement s'en convaincre en opérant de la manière suivante :

On introduit de l'eau faiblement acidulée dans un vase conique, dont la partie la plus étroite est bouchée par une couche épaisse de mastic, substance non conductrice. Deux fils de platine, traversant ce mastic, débouchent dans l'intérieur du vase (fig. 38), tandis que leur autre

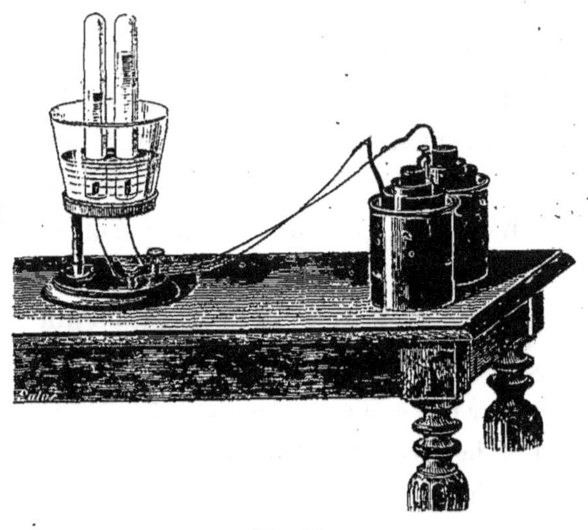

Fig. 38.

extrémité, terminée en crochet, peut communiquer avec les pôles d'une pile. L'expérience étant ainsi disposée, les fils de platine étant recouverts de petites éprouvettes graduées, remplies d'eau pure, on voit de fines bulles gazeuses se rendre dans ces dernières dès que la communication avec la pile est établie. L'examen du gaz contenu dans les éprouvettes démontre que celle qui communique avec le pôle négatif renferme de l'hydrogène dont le volume est double de celui que renferme l'éprouvette disposée au pôle positif, qui est de l'oxygène pur. Cette expérience, outre qu'elle nous démontre la facile décomposition de l'eau sous l'influence du courant électrique, nous apprend que cette substance résulte de la combinaison de deux volumes de gaz hydrogène avec un volume de gaz oxygène, résultat que la synthèse nous permet de confirmer de la manière la plus rigoureuse.

Il suffit pour cela d'introduire ces deux gaz, dans les rapports en volume que vient de nous révéler l'analyse, dans un eudiomètre à mercure, et de faire jaillir dans l'intérieur de cet appareil une étincelle électrique qui détermine immédiatement l'union des deux gaz.

Cet eudiomètre, imaginé par Gay-Lussac, se compose d'un tube de verre à parois très-épaisses (fig. 39), muni

Fig. 39.

d'une garniture en fer à sa partie supérieure, et dans lequel on introduit une spirale de même métal, terminée en boule, qu'on rapproche suffisamment de la garniture supérieure pour pouvoir exciter dans son intérieur une étincelle électrique. L'eudiomètre, renfermant les deux gaz dans les proportions précédemment indiquées, est fermé à l'aide d'un bouchon de fer à vis s'adaptant parfaitement à la garniture métallique qui termine la partie inférieure de cet appareil. L'étincelle ayant été excitée à travers le mélange et les gaz par suite combinés, on dévisse le bouchon et l'on peut s'assurer alors que les gaz ont complétement disparu. Introduit-on dans ce même appareil deux volumes d'oxygène et deux volumes d'hydrogène, on obtient un résidu gazeux de un volume, qui est de l'oxygène pur. Emploie-t-on trois volumes d'hydrogène pour un volume d'oxygène, on obtient encore un volume de résidu gazeux, mais celui-ci nous apparaît cette fois doué de toutes les propriétés qui caractérisent l'hydrogène.

L'eau résulte donc de l'union de deux volumes d'hydrogène avec un d'oxygène, résultat que nous pourrions vérifier à l'aide d'autres méthodes dont la description assez longue ne nous apprendrait rien de plus.

Il nous reste à déterminer, pour compléter cette étude, le rapport existant entre le volume de l'eau formée et celui des gaz qui ont concouru à sa formation. Or, si on a :

2 vol. d'hydrogène, pesant	$2 \times 0{,}0692$	=	0,1384
Nous ajoutons			
1 vol. d'oxygène pesant	1,1057	=	1,1057
Nous obtenons			1,2441

nombre sensiblement double de 0,622 qui représente,

d'après Gay-Lussac, la densité de la vapeur d'eau déterminée par l'expérience directe.

Il suit donc de là que les gaz qui servent à former l'eau se contractent du tiers de leur volume en s'unissant, et l'on peut dire que :

1 volume de vapeur d'eau renferme 1 volume d'hydrogène + $\frac{1}{2}$ volume d'oxygène.

EAU OXYGÉNÉE OU BIOXYDE D'HYDROGÈNE.

Indépendamment de l'eau, premier degré d'oxydation de l'hydrogène, dont nous venons de résumer les propriétés les plus remarquables et qui joue dans la nature un rôle si considérable, ce gaz forme avec l'oxygène une seconde combinaison qui contraste avec elle par son extrême instabilité. Cette substance, dont la composition diffère de celle de l'eau, en ce que, pour la même quantité d'hydrogène, elle renferme une proportion double d'oxygène, a, pour cette raison, reçu le nom d'*eau oxygénée* ou de *bioxyde d'hydrogène*. Nous ne vous dirons que quelques mots de ce produit, mais il possède des propriétés trop intéressantes et l'importance des questions que son étude a soulevées est trop considérable pour le passer entièrement sous silence.

Ce composé, dont on doit la découverte à Thénard, nous apparaît à l'état de pureté sous la forme d'un liquide incolore qui, dans son plus grand état de concentration, présente une consistance légèrement sirupeuse.

Un froid de — 30° n'en détermine pas la solidification. Sa densité, rapportée à celle de l'eau, est représentée par le nombre 1,452.

Ce produit n'agit ni comme un acide ni comme une base à l'égard de la teinture de tournesol; il se borne à la décolorer. Il se comporte de la même façon avec un grand nombre de matières colorantes de nature organique.

Il attaque promptement l'épiderme et le blanchit en causant une vive cuisson.

La chaleur le décompose en eau et oxygène. Cette décomposition est d'autant plus facile que le bioxyde d'hydrogène est plus concentré. Lorsqu'il est pur, à une température de 15 à 20° la séparation de l'oxygène s'effectue d'une manière tellement brusque qu'il en résulte quelquefois une explosion. L'étend-on d'une assez forte proportion d'eau, sa décomposition ne commence à se produire qu'au-dessus de 50°.

L'électricité le détruit avec facilité. La lumière n'exerce aucune action sur lui.

Ce que je viens de vous dire jusqu'à présent du bioxyde d'hydrogène n'offre rien de bien remarquable; mais il va nous présenter, dans son contact avec les corps simples et composés, des résultats inattendus qui renversent, la plupart du temps, nos idées relativement à l'affinité.

Ce composé tend à se réduire, avons-nous dit, sous l'influence d'une faible élévation de température, en eau et oxygène. Ne semblerait-il pas, d'après cela, que les métaux les plus oxydables, en mettant toutefois de côté les métaux alcalins qui agissent sur l'eau elle-même, devraient plus facilement que les autres en provoquer la décomposition. L'expérience va nous démontrer que notre raisonnement est complétement en défaut. C'est ainsi que le fer, le zinc, l'étain en poudre n'agissent en aucune façon sur le bioxyde d'hydrogène, tandis que l'argent, l'or et le platine, corps dépourvus de toute affinité pour l'oxygène, en déterminent immédiatement la décomposition lorsqu'on les emploie pareillement à l'état de fine poussière.

Bien plus, tandis que certains oxydes métalliques qui ont de la tendance à se suroxyder se comportent comme des corps inertes à l'égard du bioxyde d'hydrogène, nous voyons le peroxyde de manganèse le décomposer sans éprouver la moindre altération, et, chose plus remarquable encore, les oxydes d'argent et d'or le détruire avec explosion, en se décomposant eux-mêmes.

Il présente un phénomène non moins curieux à l'égard d'une substance importante de l'économie animale, nous voulons parler de la *fibrine* du sang et des muscles qui le décompose immédiatement, tandis que l'*albumine*, la *caséine* et d'autres matières animales qui possèdent une composition identique ne lui font éprouver aucune altération.

Certains sulfures métalliques, et notamment le sulfure de plomb, sont attaqués par le bioxyde d'hydrogène. C'est en se basant sur cette propriété que M. Thénard a proposé l'emploi de dissolutions étendues de ce corps pour restaurer des tableaux anciens, noircis par des émanations sulfureuses. En effet, les peintres emploient pour faire les blancs, de la céruse ou carbonate de plomb, qui se change avec le temps en sulfure de plomb noir par l'absorption lente de l'acide sulfhydrique contenu dans l'atmosphère.

L'expérience tentée sur un dessin de Raphael, avec une dissolution très-étendue de ce corps, a parfaitement réussi.

Cette curieuse substance s'obtient lorsqu'on traite par certains acides des peroxydes métalliques. L'emploi de l'acide chlorhydrique et du bioxyde de barium convient très-bien pour cette préparation, à l'égard de laquelle nous n'entrerons dans aucun détail.

L'instabilité considérable du curieux composé dont le cadre de ces leçons ne nous a permis que d'effleurer l'histoire, devait faire croire qu'on ne le rencontrerait jamais à l'état de liberté dans la nature. Ici, comme dans bien d'autres circonstances, les prévisions se trouvent en défaut.

Cette substance ne prendra pas évidemment naissance par le contact de l'oxygène en repos avec l'eau, cela est indubitable; mais n'est-il pas possible de la voir naître par l'union de ce liquide avec l'oxygène naissant, c'est-à-dire au moment où ce gaz sort d'une de ses combinaisons ou bien alors qu'il va s'engager dans une combinaison nouvelle.

Or, si, comme l'avait expérimenté Thénard, le bioxyde d'hydrogène prend difficilement naissance par la destruction de ces composés oxygénés qui fournissent à l'eau ce gaz naissant, il résulte au contraire d'expériences fort intéressantes de M. Schœnbein que ce produit se forme sans cesse lorsque l'eau rencontre l'oxygène au moment où il va s'engager dans une combinaison chimique.

Les combustions lentes, c'est-à-dire les oxydations effectuées à de basses températures, devaient donc nous fournir l'une des sources les plus importantes de production de l'eau oxygénée, c'est ce que l'expérience a pleinement confirmé.

Le phosphore, le plomb, le zinc amalgamés ne s'oxydent pas, en effet, en présence de l'eau, sans qu'on constate la production de ce composé. Ce phénomène, comme on pouvait le penser, n'accompagne pas seulement l'oxydation des substances minérales, et l'on devait le voir se produire fréquemment dans ces combustions lentes qu'éprouvent les matières organiques au contact de l'air.

L'indigo blanc passant à l'état d'indigo bleu, l'acide pyrogallique se transformant en une substance brune sous l'influence des alcalis, le terreau, le fumier, les débris d'animaux ou de plantes se détruisant à l'air, fournissent, ainsi que l'a constaté M. Schœnbein, des traces d'eau oxygénée aux diverses étapes par lesquelles l'absorption de l'oxygène les a fait passer.

Mais comment, direz-vous, est-il possible de constater la formation de ces traces de bioxyde d'hydrogène qui se produisent dans les circonstances précédentes; à cela la réponse est aisée. Qu'on introduise dans un petit tube de verre fermé par un bout une solution très-faible d'acide chromique, puis quelques gouttes de la liqueur oxygénée, le mélange passera du jaune au verdâtre. Ajoute-t-on maintenant quelques centimètres cubes d'éther, puis agite-t-on vivement, quelques minutes de repos suffiront pour voir reparaître à la surface l'éther avec la belle teinte bleu pur, caractéristique de l'*acide perchromique*, dont la production est due à l'oxygène qu'a cédé le bioxyde d'hydrogène à l'acide chromique, tandis que la liqueur aqueuse qui occupe le fond du vase aura repris sa couleur jaune orangée.

La production de l'eau oxygénée est donc un de ces phénomènes qui se manifestent sans cesse à la surface de la terre. Son apparition, sa destruction, les actions qu'elle exerce sur les corps qu'elle rencontre sont autant de forces qui, faibles en apparence, déterminent par leur continuité des résultats dont il y aura peut-être à tenir compte dans les études relatives à la physique du globe.

SEPTIÈME LEÇON.

HYDROGÈNE.

Historique de sa découverte. Divers modes de préparation, tous fondés sur la décomposition de l'eau : 1° au moyen du potassium ou du sodium à froid. 2° Par l'action du fer au rouge. 3° Par le zinc, à froid sous l'influence de l'acide sulfurique. Purification de l'hydrogène. Faible densité de l'hydrogène. Moyen employé pour la mettre en évidence. — Propriété endosmotique remarquable de l'hydrogène. Expériences diverses pour la constater. — Inflammabilité de l'hydrogène. Lampe philosophique. Harmonica chimique. — Grande conductibilité de l'hydrogène ; cette propriété le rapproche des métaux. — Variété allotropique de l'hydrogène. — Examen des différentes circonstances dans lesquelles s'effectue la combinaison de l'hydrogène et de l'oxygène. Détonation. Production de chaleur énorme. Applications. Chalumeau à gaz oxy-hydrogène.

L'hydrogène, le second principe constituant de l'eau, fut entrevu par Paracelse vers la fin du seizième siècle. En effet, il annonça que l'huile de vitriol laisse dégager au contact du fer un gaz particulier qu'il considéra comme un élément de l'eau. Lémery reconnut plus tard que l'air mis en liberté dans ces circonstances était combustible.

Bergmann avait constaté, de son côté, la formation d'un gaz inflammable lorsqu'on abandonne de la limaille de fer humide sur du mercure à l'abri de l'air; mais c'est véritablement à Cavendish qu'on doit la connaissance exacte de ce gaz, dont il fit connaître les propriétés principales en l'année 1777.

L'hydrogène ne se rencontre jamais à l'état de liberté dans la nature; mais il fait partie d'un grand nombre de composés. On en a constaté l'existence dans plusieurs étoiles ainsi que dans le soleil, au moyen de l'analyse spectrale.

Il n'est pas de substance organique qui n'en renferme des proportions plus ou moins notables. C'est à l'eau que les plantes empruntent leur hydrogène en opérant la décomposition de cette dernière; elles s'approprient cet élément de la même manière qu'elles tirent leur carbone de l'acide carbonique disséminé dans l'atmosphère.

Ainsi que son nom l'indique, ce corps est un des principes constituants de l'eau, combinaison parfaitement définie qui résulte, ainsi que nous l'avons vu, de l'union directe de deux volumes d'hydrogène avec un volume d'oxygène.

La composition si simple de l'eau nous étant connue, le moyen qui s'offre le plus naturellement à l'esprit, c'est de l'extraire de ce composé. Pour y parvenir, on fait agir sur ce liquide des substances très-avides d'oxygène qui, s'emparant de ce corps et donnant naissance à des produits fixes, mettent l'hydrogène en liberté. Cette méthode, la plus simple de toutes, ne présente, ainsi que nous allons le constater, aucune difficulté dans la pratique.

Certains métaux, tels que le potassium et le sodium, décomposent l'eau pure à la température ordinaire avec une extrême énergie, s'emparant de l'oxygène, avec lequel ils forment des composés analogues à l'eau même et chassant l'hydrogène dont ils prennent la place.

Pour le démontrer, il suffit de faire passer, à l'aide d'une pipette courbe, quelques centimètres cubes d'eau pure dans une éprouvette étroite préalablement remplie de mercure et disposée sur une cuve de ce métal; après quoi l'on fait parvenir dans cette éprouvette un petit globule de potassium. A peine ce dernier se trouve-t-il en contact avec l'eau qu'il en opère la décomposition avec une rapidité et une intensité telles qu'il devient incandescent, en même temps que le gaz formé déprime le mercure et l'eau dont il prend la place. Cette décomposition de l'eau par le potassium s'accomplit avec une intensité si considérable que, lorsqu'on laisse tomber un fragment de potassium à la surface de l'eau contenue dans un vase et librement exposée à l'air, l'hydrogène mis en liberté s'enflamme en s'unissant à l'oxygène atmosphérique. En remplaçant le potassium par le sodium, on obtiendrait des résultats semblables, seulement l'action serait moins vive.

Ce procédé, quoique d'une exécution possible, n'a jamais été mis en pratique dans les laboratoires, en raison du prix élevé des métaux alcalins. On trouve beaucoup plus avantageux de leur substituer des métaux usuels, tels que le fer et le zinc. Ceux-ci sont incapables, il est vrai, de décomposer l'eau, comme les précédents, à la température ordinaire; mais il suffit de faire arriver de la vapeur aqueuse à leur surface portée au rouge pour opérer complétement sa décomposition.

A cet effet, on dispose dans le laboratoire d'un fourneau à réverbère soit un canon de fusil, soit un tube de terre réfractaire (fig. 40), dans lequel on a préalablement intro-

Fig. 40.

duit soit des lames de fer, soit un faisceau de fils de ce métal. On adapte à l'une des extrémités de ce tube une petite cornue de verre à moitié remplie d'eau, tandis qu'on dispose à la seconde, par l'intermédiaire d'un bouchon, un tube recourbé, propre à recueillir les gaz, qu'on fait communiquer avec une cuve pneumatique.

Le métal, étant amené au rouge, décompose la vapeur de l'eau que l'ébullition amène constamment à sa surface.

L'oxygène fixé par ce dernier donne un composé très-stable, l'oxyde de fer magnétique qui reste dans le tube, tandis que l'hydrogène, devenu libre, se dégage et peut être recueilli dans des éprouvettes remplies d'eau.

A ce procédé, qui ne présente d'autre inconvénient que l'emploi de températures élevées, on a substitué depuis longtemps une méthode expéditive et simple dont on fait exclusivement usage. Elle est fondée sur la propriété que possèdent le fer, le zinc et d'autres métaux analogues, de décomposer l'eau sous l'influence des acides à la température ordinaire. A cet effet, on prend un flacon à deux tubulures (fig. 41), dans lequel on met de l'eau jusqu'aux

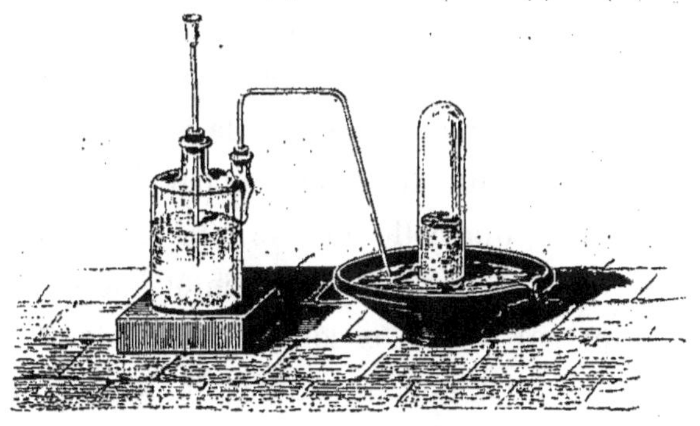

Fig. 41.

deux tiers environ de sa capacité, puis on y introduit de la grenaille de zinc. A l'une des tubulures, on adapte un tube recourbé, propre à recueillir les gaz; à l'autre, un tube droit, terminé par un entonnoir qui plonge jusqu'au fond et qui s'élève en dehors de quinze à vingt centimètres.

L'expérience étant disposée de la sorte, on verse progressivement de l'acide sulfurique dans le flacon, par l'intermédiaire du tube à entonnoir. Dès que le contact entre l'eau et le métal se trouve établi, l'action commence; une vive effervescence se déclare, et le gaz se rend dans des éprouvettes ou des flacons disposés sur la cuve pneumatique. Le dégagement du gaz se produit-il trop lentement, on ajoute de l'acide; on cesse, au contraire, l'addition de ce dernier dès que le dégagement devient trop rapide. Comme au début de l'opération, le gaz entraîne avec lui l'air contenu dans le flacon, il faut en perdre quelques litres si l'on veut recueillir un produit pur.

Un kilogramme de zinc traité par ce procédé fournit 338 litres de gaz hydrogène à la température de 0° et sous la pression de 0 m. 760. On substitue quelquefois au zinc, métal peu coûteux, un métal dont le prix est moindre encore, du fer, que l'on emploie sous la forme de limaille ou de copeaux. L'attaque de ce dernier par l'acide sulfurique se fait aussi bien que celle du zinc, et l'on observe au début une vive effervescence; mais bientôt l'action s'affaiblit et finit même par cesser, encore bien que le flacon renferme une quantité notable du fer inaltéré. Cette différence dans la manière d'être des deux métaux tient à ce que le sulfate de zinc, qui prend naissance en même temps que l'hydrogène dans le premier cas, se dissout facilement dans l'acide sulfurique étendu, tandis que le sulfate de fer, étant peu soluble dans l'eau chargée de cet acide, se dépose à la surface du métal et s'oppose, à la manière d'un vernis, au contact ultérieur des corps réagissants. Dès lors, toute action s'arrête.

Il semble que l'hydrogène préparé par cette dernière

méthode doive être absolument pur, et il le serait en effet si les différentes substances qui interviennent dans sa préparation étaient parfaitement pures. Or, le zinc du commerce renferme quelquefois du soufre et de l'arsenic, plus rarement du phosphore, toujours du carbone. Ces substances, en s'unissant à l'hydrogène naissant, donnent naissance à des composés gazeux comme lui qui s'y mêlent et en altèrent la pureté.

Pour le purifier, on le fait passer à travers une série de tubes en U contenant de la ponce ou des fragments de verre imbibés de dissolutions d'azotate de plomb, de sulfate d'argent et de potasse caustique. Le premier arrête la combinaison de l'hydrogène avec le soufre (acide sulfhydrique), le second, les combinaisons de l'hydrogène avec le phosphore et l'arsenic, tandis que le dernier absorbe l'hydrogène carboné. Pour dessécher entièrement le gaz, on n'a plus qu'à le faire passer sur des fragments de chlorure de calcium ou, mieux encore, sur de la ponce imbibée d'acide sulfurique concentré.

Quel que soit le procédé dont on fait usage pour préparer l'hydrogène, il possède les propriétés suivantes après complète purification. C'est un gaz incolore, inodore et dépourvu de saveur. C'est le plus léger de tous les gaz connus; il pèse 14 fois et demie moins que l'air et 16 fois moins que l'oxygène. Sa densité est représentée par le nombre 0,0692, celle de l'air étant prise pour l'unité.

Cette grande légèreté spécifique de l'hydrogène peut être facilement mise en évidence à l'aide des expériences suivantes. On prend deux éprouvettes (fig. 42) qu'on soulève verticalement, l'ouverture étant placée en bas.

L'une d'elles contient de l'air; l'autre est remplie d'hydrogène. On les dispose alors bout à bout, celle qui contient

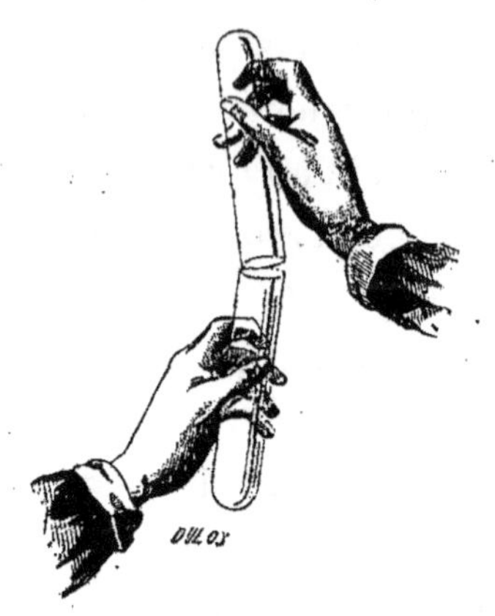

Fig. 42.

l'air étant placée à la partie inférieure, tandis qu'on fait occuper la partie supérieure à celle qui renferme l'hydrogène. Qu'on les fasse tourner maintenant, leurs orifices coïncidant d'une manière parfaite, de telle sorte qu'elles occupent une position inverse, et l'on pourra s'assurer, au bout de quelques instants, que celle qui contenait l'air est pleine d'hydrogène, tandis que celle qui renfermait l'hydrogène ne contient plus que de l'air.

Une seconde expérience d'une exécution facile va nous amener à une conclusion semblable. On prend une vessie munie d'un robinet (fig. 43), remplie de gaz hydrogène, et on adapte au robinet, par l'intermédiaire d'un caoutchouc, uu tube de verre terminé en pointe effilée que l'on plonge dans une eau de savon un peu épaisse. Ce dernier renferme alors assez de liquide pour qu'en comprimant légèrement la vessie avec le bras, de manière à donner des bulles de savon remplies d'hydrogène, elles s'élèvent rapidement dans l'air, où elles peuvent être enflammées à l'aide d'une bougie.

Tous les gaz peuvent traverser plus ou moins facilement

Fig. 43.

les membranes de nature animale ou végétale. On donne à ce phénomène le nom d'*endosmose* des gaz. L'hydrogène présente à cet égard des phénomènes qui le distinguent de tous les autres gaz, en raison de leur intensité. C'est ainsi qu'il est impossible de le conserver dans des cloches de verre qui présentent les moindres félures, de même que dans des flacons bouchés avec une membrane animale ou végétale. Dans ces différentes circonstances, de l'hydrogène s'échappe des vases et de l'air s'y introduit; mais la quantité d'hydrogène qui se dégage est toujours de beaucoup supérieure à celle de l'air qui vient en prendre la place. On conçoit dès lors qu'il est impossible de conserver de l'hydrogène pur dans des membranes de nature organique.

Nous allons rapporter à cet égard diverses expériences qui sont toutes parfaitement concluantes.

Prenons, ainsi que l'a fait M. Graham, un tube de verre d'un petit diamètre, à l'extrémité duquel nous en souderons un second d'un diamètre plus considérable, dont nous déterminerons la fermeture au moyen d'un bouchon de plâtre. Le tube étant rempli d'hydrogène sur la cuve à mercure et abandonné à lui-même pendant quelques heures, on ne tarde pas à voir le métal remonter graduellement dans le tube comme s'il y était aspiré par une pompe, résultat qu'il faut attribuer à la propriété dont jouit l'hydrogène de pouvoir s'échapper à travers les pores du plâtre, tandis que les gaz qui constituent l'air en sont dépourvus.

Qu'on prenne maintenant un flacon rempli d'air, et qu'après en avoir bouché l'orifice à l'aide d'une bande mince de caoutchouc, on le dispose dans une cloche remplie de gaz hydrogène, une petite quantité d'air s'échappera par la membrane, une proportion beaucoup plus considérable d'hydrogène en viendra prendre la place et distendra la membrane qui finira par éclater, si au début elle présente une minceur suffisante.

Dispose-t-on l'expérience d'une manière inverse, c'est-à-dire place-t-on sous une cloche remplie d'air un flacon plein d'hydrogène et bouché par une membrane identique à la précédente, par suite d'une sortie d'hydrogène plus considérable que celle de l'air qui pénètre dans le vase; la membrane s'infléchira de plus en plus en produisant un cône dont le sommet se rapprochera de plus en plus de l'extrémité inférieure du flacon.

L'expérience suivante met encore en évidence cette propriété d'endosmose considérable que présente l'hydrogène. Qu'on place au milieu d'une grande cloche remplie d'hydrogène un de ces petits ballons si communs maintenant, et formés d'une enveloppe légère de caoutchouc, après l'avoir serré par un fil fin suivant un des grands cercles de la sphère. Le lendemain, le ballon ayant considérablement grossi, le fil détermine sur le contour du ballon une rainure profonde, et deux jours après il sera complétement caché par les deux hémisphères dont il forme la séparation.

Nous venons d'établir d'une façon incontestable qu'il est impossible de conserver de l'hydrogène pur dans des membranes de nature organique; les vases poreux formés par des substancee inorganiques jouissent pareillement, et même avec une plus grande énergie, de la faculté de laisser filtrer ce gaz.

On doit à M. H. Debray, chimiste distingué, deux expériences curieuses qui mettent ce fait en pleine lumière.

M. Debray fit usage dans la première d'un de ces cylindres poreux employés dans les piles de Bunsen et de Daniell, dont il ferma l'ouverture à l'aide d'un bouchon recouvert de mastic et percé de deux trous. Dans le premier, il engageait un tube droit long de 2 mètres à 2 mètres 50; dans le second, pénétrait un tube recourbé qui communiquait avec une source d'hydrogène.

L'appareil étant rempli d'air et le tube droit plongeant dans un liquide coloré, soit en bleu, soit en rouge, aucun phénomène ne se manifeste. Il en est de même lorsqu'on expulse l'air du cylindre de terre au moyen du courant d'hydrogène, à moins que celui-ci n'étant trop rapide se dégage en partie à travers le liquide coloré. Si, l'air étant entièrement expulsé de l'appareil, on arrête le dégagement de l'hydrogène, on voit le liquide coloré monter rapidement dans le tube de 1 mètre à 1 mètre 50, aspiré qu'il est par suite du vide produit par la sortie de l'hydrogène, qui n'a pas été remplacé par un égal volume d'air.

Cette expérience peut être exécutée sous une seconde forme tout aussi saisissante.

On remplace le tube droit de l'expérience précédente par un tube en U, dont la seconde branche doit être longue d'environ 2 mètres. Si l'on introduit un liquide coloré dans ce tube, sa hauteur est évidemment la même dans les deux branches, l'appareil étant rempli d'air. Mais vient-on à coiffer le vase de terre avec une grande cloche remplie d'hydrogène, ce gaz s'infiltre rapidement dans ses pores, et l'on voit le liquide baisser rapidement dans la branche qui communique avec le vase poreux et s'élever dans l'autre.

Une application très-intéressante de ces propriétés a été réalisée dans le *cherche-fuites* de gaz d'Ansell.

M. H. Sainte-Claire Deville a parfaitement fait voir qu'un courant d'hydrogène traversait très-rapidement un tube de fer chauffé au rouge, à travers duquel on le fait passer.

M. Louyet a reconnu, de son côté, qu'un jet d'hydrogène qui vient frapper une feuille de papier perpendiculairement à sa direction la traverse à peu près comme s'il n'avait pas rencontré d'obstacle sur son chemin. Cette propriété que nous présente l'hydrogène n'est pas particulière à ce gaz; on la rencontre chez tous les autres, mais à des degrés d'intensité beaucoup moindres. Des déterminations exécutées avec le plus grand soin ont, en effet, démontré que les quantités de gaz qui traversent une membrane sont en raison inverse des racines carrées de leurs densités. Or, la densité de l'hydrogène étant quatorze fois et demie moindre que celle de l'air, on comprend qu'il devra passer environ quatre fois plus d'hydrogène dans l'air que d'air dans l'hydrogène. C'est la raison principale qui a fait renoncer à l'emploi de l'hydrogène pour gonfler les aérostats, ce gaz s'extravasant avec une trop grande rapidité. On l'a remplacé par le gaz de l'éclairage dont la densité, beaucoup plus grande que celle de l'hydrogène, est notamment moindre que celle de l'air.

L'hydrogène, quoique traversant toutes les membranes ainsi que les parois d'un grand nombre de substances inorganiques et s'échappant, en outre, par les moindres félures des vases, ne paraît pas cependant susceptible de passer à travers ces pellicules très-minces de verre qu'on souffle à la lampe.

L'hydrogène est inflammable, c'est-à-dire qu'il brûle en se combinant à l'oxygène de l'air, mais il ne saurait entretenir la combustion. Il est facile de le prouver en plongeant une bougie allumée dans une éprouvette remplie d'hydrogène tenue verticalement l'orifice en bas, pour que ce gaz ne puisse s'en échapper. On voit alors le gaz s'enflammer à l'orifice en faisant entendre une décrépitation causée par l'air qui s'y trouve mêlé et dont on n'a pu empêcher l'introduction; mais si l'on enfonce la bougie dans l'intérieur de l'éprouvette, elle s'y éteint immédiatement. Cette expérience prouve clairement que ce gaz est impropre à entretenir la combustion.

Il est également impropre à la vie des animaux, qui ne tardent pas à périr asphyxiés dans une atmosphère de ce gaz. Celui-ci néanmoins n'est pas délétère, et l'on peut, en effet, en introduire une certaine quantité dans les poumons sans qu'il en résulte le moindre inconvénient. Essaye-t-on de parler en l'expulsant, la voix prend un caractère particulier, elle devient plus sourde et ressemble beaucoup à celle des ventriloques. Ce phénomène s'explique très-facilement lorsque l'on songe que dans ces circonstances le son se propage dans un milieu beaucoup moins dense que l'air. On peut démontrer la combustibilité de l'hydrogène au moyen d'un appareil très-simple connu sous le nom de lampe philosophique. Celui-ci se compose d'un flacon à deux tubulures, entièrement semblable à celui qui sert à la préparation de l'hydrogène, au moyen du zinc et de l'acide sulfurique étendu; la seule différence consiste (fig. 44) en ce qu'on remplace le tube abducteur par un tube droit terminé en pointe effilée. En approchant un corps en combustion de cette extrémité, le jet de gaz s'enflamme en produisant une lumière d'autant plus faible que le gaz est plus pur, encore bien que cette combustion détermine la production d'une température très-élevée.

Le manque d'éclat de cette flamme tient à l'absence

de corpuscules solides dans son intérieur. Pour démontrer la vérité de cette assertion, il suffit d'introduire dans la flamme de l'hydrogène soit un fil de platine, soit un bâton de craie taillé en pointe. La chaleur dégagée par la combustion porte bientôt à l'incandescence ces corps qui, étant infusibles à cette température, rendent cette flamme très-brillante. L'éclat de la flamme d'une bougie, d'une lampe ou d'un bec de gaz est dû, en effet, aux particules solides de charbon qui y sont tenues en suspension et portées au rouge blanc par la chaleur dégagée dans l'acte de combustion.

Une expérience des plus simples va nous permettre de démontrer d'une manière incontestable ce que nous venons d'avancer.

Si l'on enflamme un jet d'hydrogène pur, s'échappant

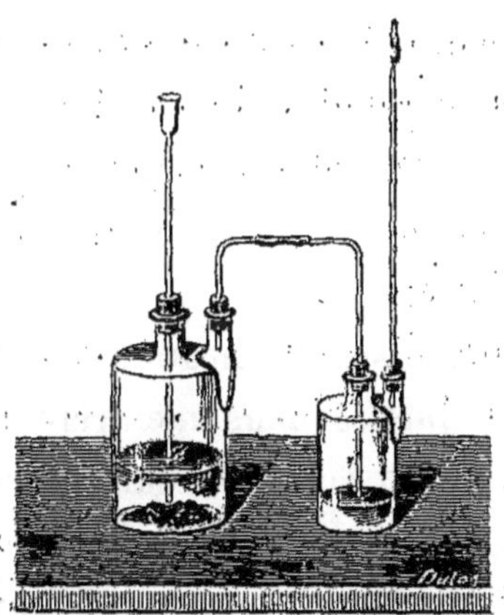

Fig. 44.

par un orifice étroit, comme dans la lampe philosophique (fig. 44), la flamme, ainsi que nous l'avons constaté, ne présente aucun éclat; mais fait-on passer préalablement le gaz à travers un liquide volatil riche en carbone, tel que la benzine, alors le gaz chargé de vapeurs hydrocarbonées fournira, par sa combustion, une flamme dont l'éclat sera comparable à celui que donne le gaz employé pour l'éclairage des rues et de nos habitations.

Le phénomène que nous présente l'hydrogène n'est pas unique. C'est ainsi que le soufre, en brûlant dans l'oxygène, ne donne pas de lumière, tandis que le phosphore brûle avec un éclat des plus vifs. Cette différence tient à ce que le soufre en brûlant ne donne qu'un produit gazeux, tandis que le phosphore fournit un produit solide.

Si l'on engage la flamme de l'hydrogène dans un tube de verre ouvert aux deux extrémités (fig. 45), en ayant soin qu'elle en occupe le milieu, on entend un son musical continu, grave ou aigu, suivant la longueur, le diamètre, l'épaisseur et la nature des tubes, aussi bien qu'avec la longueur et la rapidité du jet. En disposant des tubes de dimensions convenables, on peut obtenir les différentes notes de la gamme. De là le nom d'*harmonica chimique* donné à ce petit appareil.

On a proposé diverses explications de ce phénomène dans le détail desquelles nous n'entrerons pas ici. Tout porte à croire que le courant d'air ascendant entraîne constamment de petites quantités d'hydrogène non brûlé qui s'enflamment un instant après au-dessus de la flamme en produisant une série d'explosions très-rapprochées qui constituent le son. La masse gazeuse du tuyau doit, par suite, entrer en vibration. De là le tremblement de la flamme ainsi que les dentelures qu'elle présente.

L'hydrogène présente, en outre, une propriété qui va nous éclairer relativement au rôle qu'il joue dans la série des corps simples et décider de la place qu'il doit occuper parmi ces derniers.

Considérons un gros tube de verre que traverse un fil

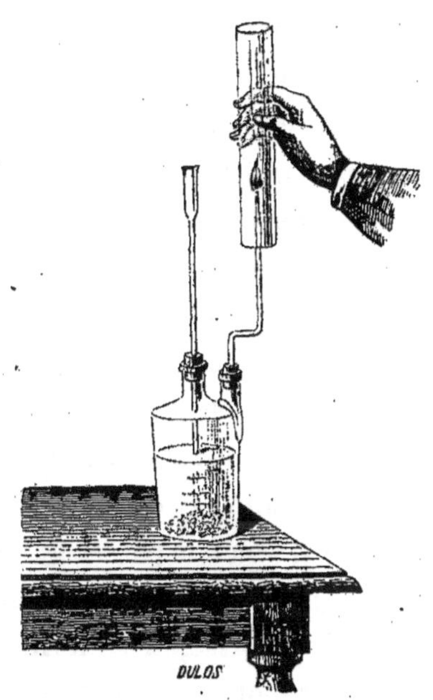

Fig. 45.

de platine un peu fort. Deux bouchons qui en ferment les extrémités sont percés de trous dans lesquels on engage des tubes qui permettent d'y faire arriver successivement des gaz de nature différente. Les extrémités du fil de platine étant mises en communication avec les deux pôles d'une pile de Bunsen dans l'air, ce fil manifestera le phénomène de l'incandescence. Remplace-t-on l'air par de l'hydrogène, le fil cessera de rougir, et l'on ne pourra pas reproduire l'incandescence tant que le tube sera rempli de ce gaz. Cette expérience, en nous permettant de constater la conductibilité de l'hydrogène, tend à prouver que, de même qu'il existe un métal liquide, le mercure, il y a une vapeur métallique, l'hydrogène.

L'hydrogène présente, ainsi que l'oxygène, un curieux exemple d'allotropie. Si l'on compare, en effet, à l'hydrogène obtenu par l'action réciproque du zinc, de l'acide sulfurique et de l'eau, celui qu'on obtient par l'électrolyse de ce dernier liquide, on ne tarde pas à reconnaître entre ces deux gaz des différences très-notables.

De même que l'oxygène ozoné jouit d'un pouvoir oxydant beaucoup plus énergique que l'oxygène ordinaire, de même aussi l'hydrogène électrolysé possède des propriétés réductrices plus considérables. Il résulte, en effet, des expériences de M. Osann, à qui l'on doit cette curieuse observation, que si l'on fait passer un courant d'hydrogène électrisé dans un mélange de perchlorure de fer et de prussiate rouge de potasse, il se forme, au bout de très-peu de temps, un dépôt de bleu de Prusse, résultat que ne détermine en aucune façon le passage dix fois plus prolongé d'un courant d'hydrogène normal.

L'hydrogène, dans son contact avec l'oxygène, peut donner naissance à des résultats importants que nous allons examiner avec beaucoup de soin.

Le mélange de ces deux gaz n'éprouve aucune altération à la température ordinaire, soit qu'on l'abandonne dans une profonde obscurité, soit qu'on l'expose à la radiation solaire.

La combinaison de ces deux gaz peut s'effectuer dans les circonstances suivantes :

1° Par l'approche d'un corps enflammé;

2° En faisant passer à travers le mélange une étincelle électrique qui agit également comme chaleur;

3° Par une compression brusque dont l'effet, comme on sait, est de déterminer la production d'une grande quantité de chaleur qui, comme précédemment, enflamme le mélange. Ce qui prouve, du reste, que ce n'est pas à l'action de la pression, mais bien à la chaleur développée qu'il faut rapporter le phénomène; c'est que si le mélange est soumis graduellement à 25 ou 30 atmosphères de pression, il demeure parfaitement intact, tandis qu'une pression égale produite instantanément opère aussitôt la combinaison.

Quel que soit, du reste, le moyen qu'on emploie pour effectuer la combinaison des deux gaz, on observe toujours la production d'une énorme quantité de chaleur, ainsi qu'une violente détonation. Il me sera bien facile de vous rendre compte de l'explosion dans l'inflammation du mélange précédent. L'union des deux gaz produisant une température extrême, ainsi que nous le prouverons tout à l'heure, la vapeur d'eau formée se dilatera considérablement. Une grande partie de cette vapeur s'échappera donc au dehors du vase en repoussant violemment devant elle la colonne d'air qu'elle rencontre, et produira par suite un bruit intense; la vapeur d'eau restée dans le flacon, se condensant aussitôt sous forme d'eau liquide au contact des parois froides, il y a rentrée subite de l'air extérieur, qui détermine la production d'un deuxième bruit. Mais ceux-ci sont tellement rapprochés que l'oreille n'en perçoit qu'un seul.

On produit encore une violente détonation en enflammant un mélange d'hydrogène et d'oxygène contenu dans des bulles de savon, ainsi que nous l'avons fait voir plus haut.

La combinaison de l'hydrogène et de l'oxygène peut encore s'effectuer, dans une circonstance particulière, par l'intervention de certains métaux, et notamment du platine. On peut employer ce dernier sous trois formes :

1° A l'état de lames ou de fils;

2° A l'état d'éponge ou de mousse;

3° Sous la forme de noir de platine, qui n'est autre que ce métal obtenu sous forme de précipité chimique, et par suite dans un état d'extrême division.

Dans le premier cas, la combinaison se fait avec une lenteur extrême.

Lorsqu'on fait intervenir le platine sous forme d'éponge attachée à l'extrémité d'un fil très-fin de même métal, on voit cette éponge rougir, et bientôt une vive détonation se fait entendre.

Remplace-t-on l'éponge de platine par la poudre connue sous le nom de noir de platine, l'action est instantanée. Cette expérience s'exécute en laissant tomber un tampon d'amiante saupoudrée de cette substance dans l'éprouvette qui contient le mélange détonant.

La condensation subite de l'oxygène par le métal sous forme d'éponge ou de noir produisant une quantité considérable de chaleur, on pourrait admettre qu'ici c'est encore à l'élévation de température déterminée par la condensation subite qu'il faut rapporter la cause de l'explosion.

Néanmoins, les effets produits par le platine sont si bizarres, et les caractères qu'ils présentent sont si difficiles à expliquer, qu'on a été conduit à admettre que ce phénomène était dû à l'intervention d'une force particulière désignée sous le nom de *force catalytique*, qui se développerait au contact du platine, sorte d'explication qui n'est en définitive que la reproduction du fait lui-même.

La quantité de chaleur qui se développe dans la combinaison de l'hydrogène avec l'oxygène est énorme. Un kilogramme de ce gaz dégage en effet une quantité de chaleur capable de porter de 0° à 100° 345 kilogrammes d'eau. Cette chaleur, bien supérieure à celle qu'il nous est possible d'atteindre dans nos foyers, permet d'opérer avec facilité la fusion du platine. On obtient la température maximum que l'on puisse produire avec l'hydrogène et l'oxygène, en enflammant le mélange de ces deux gaz dans le rapport exact de 2^v à 1^v. Ce mélange, comprimé pour produire plus d'effet, est introduit dans un vase métallique à parois très-résistantes. On l'en fait sortir par l'extrémité d'un tube capillaire, sous la forme d'un jet qu'on enflamme. Mais il faut prendre ici de grandes précautions, car si les gaz rétrogradaient, le feu pourrait se communiquer au mélange contenu dans le réservoir et déterminer une explosion violente, toujours très-dangereuse, même lorsqu'on opère sur une faible proportion du mélange.

Afin d'éviter tout accident, on fait usage d'une disposition particulière fondée sur l'observation suivante :

Quelque combustible que soit un gaz, on ne saurait

l'enflammer à travers une toile métallique à mailles très-fines, l'hydrogène aussi bien que tout autre. Si l'on dispose, par exemple, une toile métallique devant un jet d'hydrogène, il sera facile d'enflammer le gaz au devant de la toile; mais la combustion ne se propagera pas de l'autre côté : ce qui se conçoit aisément, la toile métallique enlevant à la flamme assez de chaleur par sa conductibilité pour qu'elle soit incapable de communiquer l'inflammation au gaz qui se dégage de l'autre côté. On comprend, dès lors, qu'on pourra sans danger enflammer le mélange d'hydrogène et d'oxygène à l'extrémité d'un tube, si l'on a soin de lui faire traverser un très-grand nombre de toiles métalliques. Les appareils employés à cet usage (fig. 46) portent le nom de *chalumeau à gaz oxyhydrogène*. Afin de faire disparaître toute crainte d'explosion, on dispose l'appareil de telle sorte que le gaz est forcé de traverser une petite couche d'huile avant de parvenir dans le tube où sont disposées les toiles métalliques. De cette façon, toute communication entre le gaz qui brûle et celui que contient le réservoir se trouve détruite et, par suite, tout danger d'explosion est évité.

Cet appareil permet d'opérer la fusion des métaux les plus réfractaires, tels que le platine et l'iridium. Comme la matière qui forme les vases ordinaires les plus réfractaires, dont nous nous servons pour opérer la fusion des autres métaux, se fondrait à ces températures énormes, on fait usage d'un bloc de chaux vive, au centre duquel on a creusé une cavité; il est en outre percé en son axe d'un trou légèrement conique par où pénètre le chalumeau. Une ouverture latérale permet tout à la fois l'introduction du métal et le dégagement des gaz. D'après MM. Sainte-Claire Deville et Debray, la fusion d'un kilogramme de platine

Fig. 46.

exige environ 50 à 60 litres d'oxygène et un volume sensiblement double de gaz de l'éclairage, qui peut parfaitement remplacer l'hydrogène.

L'argent soumis à ces températures disparaît promptement en donnant une vapeur épaisse qu'on peut condenser facilement sur une plaque de porcelaine.

Lorsqu'on dispose un morceau de chaux vive dans la flamme du chalumeau à gaz oxyhydrogène, il se manifeste une lumière tellement éblouissante qu'on ne peut guère la comparer qu'à celle du soleil. Pour l'obtenir dans tout son éclat, il faut disposer dans la flamme du chalumeau la pointe d'un cône de chaux ou de craie, de façon à ne pas abaisser sensiblement sa température. On donne à cette lumière éclatante le nom de lumière de Drummond, du nom du chimiste anglais qui fit le premier cette expérience. Cette lumière a été appliquée à l'éclairage des microscopes à gaz.

Les usages de l'hydrogène sont variés. On s'en sert dans les laboratoires pour réduire certains oxydes et chlorures métalliques et se procurer, par suite, les métaux qu'ils renferment dans un très-grand état de pureté. Nous avons vu qu'on pouvait obtenir à son aide des températures très-élevées et une lumière des plus intenses.

On l'emploie encore pour gonfler les aérostats qui doivent s'élever à des hauteurs très-considérables. Toutefois, comme ce gaz filtre très-rapidement à travers les enveloppes de nature organique, on préfère, pour les ascensions ordinaires, le remplacer par le gaz de l'éclairage.

HUITIÈME LEÇON.

CHARBON.

Caractères distinctifs de ce corps. Causes qui enlèvent l'acide carbonique de l'air; respiration des végétaux, histoire de cette découverte. Noir de fumée. Coke. Charbon de bois. Charbon de Paris. Noir animal. Noir d'ivoire. Anthracite, houille, lignite, tourbe; leur origine commune; renseignements sur ces substances. Plombagine, son emploi dans la fabrication des crayons, dans la fonderie, dans la galvanoplastie. Diamant; histoire de sa découverte, de sa nature. Efforts faits en vue de le préparer. État naturel, forme cristalline. Taille du diamant. Sa valeur, ses emplois utiles.

L'étude de ce corps se lie de la façon la plus étroite à celle de l'air atmosphérique par laquelle nous avons commencé cet enseignement, ou plutôt elle en découle de la manière la plus naturelle.

Le principe actif de l'air, l'oxygène, possède, entre autres aptitudes, celle de se combiner au charbon, de le brûler. Dans cette combustion la matière du charbon disparaît et semble s'annihiler; mais ce n'est, avons-nous établi, qu'une apparence trompeuse : la substance du charbon s'unit à celle de l'oxygène pour former un corps aériforme qui s'exhale et se cache au milieu des autres éléments de l'air. Rien n'est plus facile que de le déceler dans ce mélange: il suffit d'agiter le gaz avec de l'eau de chaux; celle-ci se trouble par suite de la formation d'un sel insoluble que nous avons appelé le carbonate de chaux.

Voici un fragment de charbon ordinaire faiblement allumé; plongeons-le dans un flacon rempli d'oxygène (fig. 47). Aussitôt il s'embrase, et bientôt il a totalement

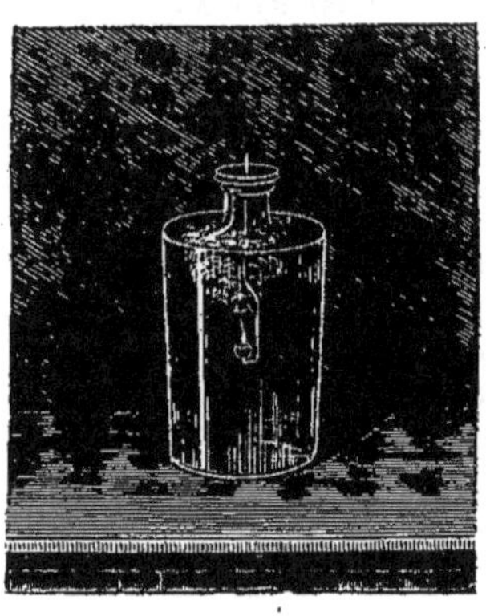

Fig. 47.

disparu, si, comme nous avons eu soin de le faire, le charbon est assez petit, et le vase d'oxygène assez grand pour que ce gaz soit en quantité prédominante. Versons de l'eau de chaux dans ce vase : elle blanchit immédiatement, et le dépôt abondant qui se forme prouve la proportion considérable de carbonate de chaux, et par suite d'acide carbonique qui a pris naissance. Le bois, la houille, les divers combustibles dont nous faisons usage sont carbonés, et, par conséquent, à chaque instant il se répand dans l'atmosphère terrestre d'immenses quantités d'acide carbonique.

La respiration est une combustion lente. Le pain, la chair, les légumes sont carbonés comme le bois et la houille; brûlés dans notre corps et dans celui des animaux par l'oxygène de l'air, ils fournissent des proportions énormes de gaz carbonique qui vont rejoindre dans l'atmosphère celui qui y a été déversé par les combustions. Pour établir ce fait capital il suffit d'insuffler de l'air sortant de nos poumons dans de l'eau de chaux : le liquide se trouble immédiatement. Que deviennent ces masses incalculables d'acide carbonique exhalé dans l'atmosphère? Nous avons dit que ce gaz ne s'y accumulait pas, et cela fort heureusement pour les animaux, car, cet acide étant impropre à l'entretien de la flamme et de la vie, bientôt toute combustion, toute lumière et toute existence s'éteindraient à la surface de la terre.

Des causes inverses à celles qui produisent cet acide carbonique l'enlèvent incessamment de l'air en le fixant sur des corps terrestres, ou en le réduisant à ses éléments, *charbon* et oxygène.

C'est cette dernière action que nous allons examiner ici, car elle est l'origine du charbon que nous fournit la nature organique.

La nature opère cette réduction de l'acide carbonique à la surface du globe d'une façon incessante, et sur une échelle immense, mais elle exerce cette action d'une manière si discrète et si merveilleuse qu'elle échappe aux yeux, et qu'elle n'a pu être décelée qu'à la fin du siècle dernier.

Rien n'est plus simple que de reproduire en petit cette expérience admirable de la nature, et nous ne saurions trop vous engager à l'exécuter vous-même, car c'est la clef de voûte sur laquelle repose l'harmonie à la surface de la terre.

Cueillez dans l'eau une tige de nénufar ou d'une plante munie de larges feuilles, portez-la toute fraîche dans une carafe, et remplissez celle-ci d'eau de source récemment puisée pour qu'elle contienne encore une proportion notable de gaz carbonique, ou d'eau ordinaire mêlée avec un peu d'eau de Seltz. Bouchez avec la paume de la main cette carafe entièrement pleine, retournez-la dans un vase plein d'eau, puis transportez ce vase sur une fenêtre ou en tout autre point bien éclairé.

Vous verrez bientôt des bulles naître sur les parties vertes du rameau; ces bulles infiniment petites d'abord grossissent peu à peu, et finissent par se détacher de la feuille et se réunir à la partie supérieure du vase. Ne tentez point cette expérience le soir, vous ne trouveriez pas de gaz le lendemain matin; évitez de la faire par un temps brumeux ou couvert, le gaz produit sera très-faible; opérez au contraire au soleil, et vous recueillerez un volume de gaz suffisant pour en constater la nature.

Pour faire cette détermination, placez votre appareil dans un grand bac plein d'eau, enlevez le vase inférieur, et retournez lentement la carafe après avoir disposé sur le goulot un tube exactement rempli d'eau. Le gaz s'écoulera peu à peu de la carafe et passera dans l'éprouvette. Retournez le tube et tenez-le bouché avec la main, puis priez une personne d'enflammer une allumette et de la souffler quand elle est bien embrasée de façon qu'il reste quelque point incandescent. A ce moment, si l'on introduit l'allumette presque éteinte dans le gaz, on la voit se rallumer avec éclat; et comme cette propriété est particulière au gaz oxygène, il faut en conclure que les végétaux sont doués de la faculté de décomposer l'acide carbonique sous l'influence de la lumière et de restituer à l'atmosphère l'oxygène que la combustion et la respiration en avaient enlevé. Que devient le charbon de cet acide? Ce charbon reste fixé dans le tissu végétal, et sert à l'accroître : phénomène aussi curieux qu'intéressant, qui permet de dire avec une justesse absolue, que les végétaux sont de l'air organisé, et qui rattache cette étude à celle de l'atmosphère.

Il faut bien vous garder de croire que les plantes aquatiques possèdent seules cette faculté réductrice du gaz carbonique, et que l'eau soit nécessaire à la production du phénomène; c'est une action générale et propre aux parties vertes des végétaux aquatiques ou aériens, qui n'exige qu'une circonstance, l'influence de la lumière. Si nous avons pris des plantes d'eau, si nous vous conseillons d'opérer avec elles, c'est afin de recueillir facilement l'oxygène et de pouvoir constater sa formation. Lorsqu'on expose au soleil sous une cloche en verre des feuilles aériennes dans de l'air contenant de l'acide carbonique, ce dernier gaz disparaît peu à peu, et se trouve bientôt remplacé par de l'oxygène.

Cette découverte capitale qui explique le mécanisme naturel par lequel l'air vicié par les animaux est sans cesse ramené à sa pureté primitive est relativement récente. Elle n'a pas été faite d'un trait, et il a fallu le concours de plusieurs savants, Bonnet, Priestley, Ingenhousz, Sennebier et de Saussure. Son histoire ne sera pas hors de propos, car elle vous donnera l'idée de la manière dont les vérités scientifiques prennent naissance, et vous montrera comment une découverte a de l'importance, non pas seulement par elle-même, mais encore et surtout par les voies qu'elle ouvre.

Dans la dernière moitié du siècle dernier, Bonnet, un médecin de Genève, reconnut que les végétaux exhalent de l'air lorsqu'on les expose à la lumière solaire. A cette époque l'oxygène n'était pas découvert et Priestley n'avait pas encore imaginé les moyens de recueillir les gaz : aussi Bonnet ne vit-il pas que ce gaz est tout à fait différent de celui que nous respirons. Ce fut Priestley qui fit faire un second pas à la solution de cette gande question. Après avoir isolé l'oxygène en 1774, il ne tarda pas à reconnaître que les animaux y meurent au bout de peu de temps, après avoir altéré sa nature. Il eut alors l'ingénieuse idée d'enfermer à la lumière dans un même bocal rempli d'air une souris et une plante. Lorsque le petit animal fut mort, il l'enleva, et il laissa le végétal dans l'air vicié. Au bout de quelques jours il examina cet air, et il trouva qu'il avait repris sensiblement des propriétés vitales et comburantes. Le contre-poison était trouvé : c'était le végétal.

Deux choses avaient échappé au grand savant anglais :

la nature du principe qui vicie l'air, et la nécessité de l'influence de la lumière. Néanmoins, la cause dépuratrice de l'air vicié, c'est-à-dire la loi de la nature, était trouvée ; aussi Priestley reçut-il la grande médaille de Copley, et le Président de la Société royale de Londres lui dit-il ces belles paroles : « Les plantes ne croissent pas en vain, chaque individu dans le règne végétal, depuis le chêne des forêts jusqu'à l'arbre des champs, est utile au genre humain. Toutes les plantes entretiennent notre atmosphère dans le degré de pureté nécessaire à la vie des animaux. Les forêts elles-mêmes des pays les plus éloignés contribuent à notre conservation en se nourrissant des exhalaisons de nos corps devenus nuisibles à nous-mêmes. »

L'influence de la lumière fut reconnue peu de temps après par un savant allemand du nom d'Ingenhousz, et voici comment il s'exprime :

« Cette opération merveilleuse n'est aucunement due à la végétation, mais à l'influence du soleil sur les plantes ; elle commence quelque temps après le lever du soleil, elle est suspendue entièrement pendant l'obscurité de la nuit, les plantes ombragées par des bâtiments ou par d'autres plantes ne s'acquittent pas de ce devoir, mais au contraire exhalent un air malfaisant.... »

Il restait à trouver la nature de cet air malfaisant.

Lavoisier, après avoir constaté que c'est l'acide carbonique qui se forme dans la respiration des animaux aux dépens du carbone des aliments et de l'oxygène de l'air, fut naturellement amené à penser que les parties végétales vertes assainissaient l'air en détruisant cet acide ; mais ce fut Sennebier de Genève qui en fournit la preuve expérimentale. Ce savant établit que les végétaux plongés dans de l'eau privée d'air ne dégagent pas d'oxygène, tandis que ce gaz se montre toujours lorsque l'eau renferme de l'acide carbonique. Un autre citoyen de Genève, de Saussure, célèbre par beaucoup d'autres travaux, corrobora ces faits par des expériences variées, et réunit les membres épars de la théorie remarquable dont nous venons de faire connaître l'histoire.

Ainsi, pour la résumer, les feuilles vertes sont douées de la faculté de décomposer l'acide carbonique sous l'influence de la lumière; elles restituent à l'air l'oxygène que les animaux en avaient soustrait, et elles fixent le charbon dans leur intérieur.

Que devient ce charbon? Il s'unit à l'hydrogène et à l'oxygène de l'humidité qui baigne sans cesse les divers organes des végétaux, à l'azote de l'air ou des engrais, et à des matières minérales, dissoutes dans l'eau, aspirées par les racines. Par un travail aussi remarquable que silencieux, tous ces éléments se groupent pendant le développement du végétal, et forment des milliers de substances. On en trouve qui ne renferment que du carbone et de l'hydrogène : telles sont les essences. D'autres fois à ces deux corps simples s'ajoute de l'oxygène, et il en résulte les matières les plus diverses par leurs propriétés, le sucre, l'amidon. Souvent la nature opère un travail plus complexe et réunit l'azote à ces éléments. La quinine, ce précieux fébrifuge, la strychnine, ce poison violent, le gluten, ce principe nutritif de la farine, renferment du carbone, de l'hydrogène, de l'oxygène et de l'azote.

Nous connaissons ces faits, mais nous n'avons pas la moindre idée du procédé par lequel le Créateur les réalise, et l'homme se sent bien faible en présence de si grands effets produits, sans moyens d'actions visibles et avec si peu d'éléments. Au contraire, l'homme sait détruire brutalement ces édifices en les calcinant, et le produit de la calcination d'un végétal à l'abri de l'air est le charbon. Ce corps fixe reste dans le vase où s'est opérée l'action du feu, tandis que l'oxygène, l'hydrogène, l'azote distillent à l'état de liberté, ou entraînent avec eux une certaine quantité de charbon avec lequel ils forment des corps moins complexes que le produit naturel soumis à l'action de la chaleur.

Maintenant que nous savons la source à laquelle se puise le charbon, étudions cette substance. Elle se rencontre dans la nature, et nous la préparons à une foule d'états, doués d'aspects si divers, que nous devons avant tout énumérer les principaux, et fixer un moyen d'y reconnaître la nature de ce principe.

Tout végétal calciné à l'abri de l'air fournit du charbon contenant de petites quantités de matières minérales. Chacun connaît ce dernier fait, car il n'est personne qui n'ait remarqué que le charbon laisse dans le foyer, où il a été consumé, une poudre grise qu'on appelle la *cendre*. Le charbon retiré des végétaux n'est donc pas pur; pour exprimer ce fait, on donne le nom de *carbone* au principe pur qui forme la majeure partie des charbons naturels et artificiels.

Le charbon produit par les divers végétaux n'a pas le même aspect, les mêmes propriétés, et par suite les mêmes applications. Nous pouvons classer en trois groupes les diverses espèces de charbons obtenus par la calcination des matières organiques, végétales ou animales.

Si la substance est volatile, c'est la vapeur de cette substance qui se décompose et se carbonise, et alors le charbon forme des flocons légers qu'on désigne sous le nom de *noir de fumée*.

Cette substance se fabrique en brûlant des résines ou des goudrons de basse qualité, dans des vases en terre commune ou en fonte, et en forçant les fumées à travers une chambre en briques avant d'arriver dans l'atmosphère.

Fig. 48.

Les vapeurs, ne trouvant pas une quantité d'air suffisante pour brûler, se détruisent avec une flamme fuligineuse, et les flocons de noir produits se condensent sur les murs de la chambre (fig. 48). Celle-ci porte une sorte de cône en tôle, percé à son sommet, dont les bords rasent les parois. Pendant la carbonisation, ce cône produit l'effet d'une cheminée. Après l'opération, il est descendu par le moyen d'une corde passant sur une poulie; il détache le noir condensé sur les murs, et il le fait tomber sur le sol, d'où on l'enlève avec des râbles par une porte latérale.

Le noir de fumée renferme à peine 80 pour 100 de carbone; le reste est formé de matières bitumineuses dont on peut le débarrasser en le calcinant fortement, à l'abri de l'air, dans des creusets en terre ou dans des cylindres en tôle. Le noir de fumée non purifié est utilisé, par son mélange avec de l'huile, pour la préparation de l'encre d'imprimerie et des peintures noires communes. L'encre des lithographes est fabriquée avec du noir de fumée purifié par une deuxième calcination.

La peinture fine exige des noirs de qualité supérieure. On les obtient en calcinant dans des cylindres des rognures d'ivoire, des noyaux de pêches, du fusain, des coques de châtaignes, etc. On vend ces matières sous les noms de noir d'ivoire, de pêche, de fusain, de châtaigne, etc. On connaît aussi le noir de *lampe*, qui s'obtient en brûlant des huiles dans des quinquets et en disposant au-dessus de la flamme une lame métallique; le noir d'Allemagne, qui se prépare en carbonisant des mélanges, en proportions diverses, d'ivoire, de lie de vin, de raisins, d'os, de noyaux de pêche, etc.

Si la matière organique est fusible, ou si seulement elle se ramollit à demi par la chaleur, comme le sucre ou les houilles grasses, on obtient un charbon brillant, boursouflé, caverneux, qui peut servir de combustible, mais qui n'a pas d'autres sortes d'application.

Le coke est le résidu de la carbonisation de la houille. C'est un combustible précieux parce qu'il dégage beaucoup de chaleur, et économique parce qu'il n'est pas le seul produit de la carbonisation de la houille. Dans cette opération il se forme, outre le coke, diverses substances telles que : l'ammoniaque, la benzine, le gaz de l'éclairage, qui ont par eux-mêmes une certaine valeur.

La carbonisation de la houille pour en retirer le coke est une découverte d'origine anglaise faite sous le règne d'Élisabeth. Elle fut longtemps à se répandre, car on n'en fabriqua dans notre pays que vers la fin du dix-huitième siècle.

Le mode de fabrication varie un peu, suivant que l'on a besoin de coke peu dense et facilement combustible comme dans l'économie domestique, ou de coke très-lourd et moins combustible comme dans l'industrie. Pour obtenir le premier, on chauffe la houille à une température rouge, aussi faible que possible, dans des vases en terre ne portant qu'une seule ouverture par laquelle distillent les gaz produits en même temps. Lorsque ceux-ci cessent de se dégager, on débouche une ouverture antérieure et on retire le coke; il tombe incandescent sur le sol, où il s'éteint rapidement au contact de l'air. Nous reviendrons d'ailleurs sur cette fabrication lorsque nous nous occuperons du gaz de l'éclairage.

L'industrie du fer et plusieurs autres exigent un combustible produisant une plus haute température que le coke obtenu en vases clos. On y parvient en calcinant la houille très-fortement et en refroidissant le coke subitement avec de l'eau. L'opération s'exécute dans des fours en briques dont on élève considérablement la température. On prolonge l'action de la chaleur pendant dix-huit à vingt-quatre heures, on défourne et on arrose le coke sur le sol avec de l'eau qui le refroidit instantanément.

Cette double fabrication du coke va nous donner un enseignement qui s'applique à toutes les espèces de charbon. Lorsque le charbon a été préparé en vases clos, il s'allume facilement et donne peu de chaleur. Si la calcination a été forte et soutenue pendant longtemps, le combustible est plus difficile à allumer, mais il donne plus de chaleur que celui qui a été calciné faiblement et pendant un temps assez court.

100 fr. de houille fournissent de 60 à 65 pour 100 de coke. Ce charbon se présente sous forme de masses grises, friables, percées de trous, et plus ou moins brillantes et boursouflées. Le mètre cube de cette matière pèse 420 à 450 kilogrammes. Il brûle presque sans flamme, en dégageant une chaleur considérable, car un poids donné de coke permet d'évaporer 74 fois environ ce poids d'eau. Néanmoins, ce n'est pas à beaucoup près du carbone pur, il laisse des quantités de cendres variables, et toujours assez fortes (de 5 à 25 pour 100); ces cendres sont sans utilité.

Lorsque la substance organique n'est ni volatile, ni fusible, le charbon est terne, il ne se boursoufle pas et il n'est pas caverneux, il présente très-distinctement la forme de la matière qui l'a produit. Ainsi, à la vue d'un fragment de charbon de bois ou de charbon d'os, on reconnaît la nature du bois ou de l'os qui ont été carbonisés.

Ces charbons peuvent être utilisés comme combustibles; témoin le charbon de bois. Ils sont remarquables à un autre point de vue : c'est leur porosité, propriété du plus haut intérêt, car elle rend ces charbons susceptibles d'absorber les gaz et les matières colorantes, et par suite elle en fait des agents de désinfection et de décoloration dont on tire un parti précieux.

Parmi ces variétés, nous n'examinerons que le charbon de bois et le noir animal.

Le charbon de bois est fabriqué par deux procédés distincts. Le premier, de beaucoup le plus ancien, — il est clairement décrit par Théophraste trois siècles avant Jésus-Christ, — est nommé le procédé des forêts ou des meules.

On dresse au milieu du bois une aire bien propre, en enlevant l'herbe et en comprimant la terre; on dispose, les unes au-dessus des autres, des piles de branches de

Fig. 49.

bois bien assorties de longueur de façon à en faire une sorte de cône tronqué, puis on le recouvre de menues branches, et on l'entoure d'une couche de feuilles et d'herbe cimentées par de la terre. On ménage au centre une ouverture, et sur les parois inférieures quelques évents; on jette dans l'espace central du bois embrasé, et lorsqu'il sort de la flamme par cette sorte de cheminée, on bouche les ouvertures presque complétement, de façon qu'il ne se déclare qu'une combustion très-imparfaite que l'on active ou que l'on ralentit en les découvrant ou en les fermant. La surveillance doit être continuelle, tant pour guider la combustion que pour boucher les crevasses qui se forment dans l'enveloppe de la meule, car si l'air y pénétrait abondamment, tout le charbon brûlerait et se réduirait en cen-

Fig. 50.

dres. Lorsqu'il ne s'exhale plus qu'une fumée claire et que la cheminée paraît rouge dans l'obscurité, la carbonisation est terminée, et il faut arrêter la combustion en recouvrant la meule d'une couche de terre. L'opération dure de quatre à vingt jours, suivant le volume de la meule.

Le bois séché se compose approximativement de,

Carbone.	38 à 39
Eau libre ou en combinaison.	60
Cendres.	1

Voici la théorie de cette opération. Sous l'influence de la chaleur, l'hydrogène et l'oxygène se changent en produits gazeux, et le charbon reste. Mais en réalité, l'hydrogène et l'oxygène réagissent sur une partie du charbon à cette température, et l'entraînent à l'état de divers corps gazeux, l'oxyde de carbone, l'acide carbonique, des hydrogènes carbonés, de l'esprit de bois, de l'acide acétique, etc. Aussi, n'obtient-on que 17 à 19 pour 100 de charbon.

On a proposé divers moyens de régulariser cette méthode, et d'augmenter le rendement. Plusieurs d'entre eux, et notamment celui de Foucaud qui consiste à entourer la meule d'une enveloppe en planches que l'on démonte par pièces, présentent des avantages réels, mais ils n'ont pas été adoptés, dans notre pays au moins.

Une température élevée donne au charbon de la compacité et diminue sa combustibilité; si la chaleur était très-forte et maintenue fort longtemps, il deviendrait bon conducteur de la chaleur, et brûlerait difficilement. Un charbon trop peu chauffé est terne et produit de la fumée en brûlant : de là le nom de *fumeron*.

Le charbon bien cuit rend un son sec lorsqu'on le frappe contre un objet dur, il ne s'écrase pas sous la pression de la main, et il brûle sans fumée. Le charbon de bois dur est plus compacte et moins combustible que le charbon de bois blanc ou de bois tendre. Abandonné dans l'air, il absorbe de l'humidité, mais la proportion d'eau n'est guère que de trois à quatre millièmes. Si on le mouille, il peut prendre de fortes proportions d'eau, et d'ordinaire les charbons du commerce en renferment de 8 à 13 pour 100. Le charbon mouillé occasionne une double perte; on achète l'eau au prix du charbon, et l'on consomme de la chaleur en pure perte pour vaporiser cette eau.

La seconde méthode de fabrication de charbon de bois fournit un rendement plus fort, mais elle donne un produit très-combustible.

Cette méthode s'exécute, non pas pour obtenir le charbon, mais pour préparer de l'acide acétique qui prend, en raison de cette origine, le nom d'acide pyroligneux. Ce procédé rend 27 à 28 pour 100 de charbon, c'est-à-dire 10 pour 100 de plus, mais tout cet excès n'est pas bénéfice, car le bois est calciné dans de grands cylindres en tôle qu'il faut chauffer à l'aide d'un combustible extérieur placé dans un foyer sous les cornues. On recueille l'acide pyroligneux, et d'autres produits volatils, la créosote, l'esprit de bois, etc., au moyen de récipients appropriés, joints aux cornues où l'on distille le bois.

Ce charbon a sur le précédent l'avantage de s'allumer plus facilement, et de brûler plus vite et sans fumée, parce qu'il a été chauffé en vases clos et calciné plus fortement; mais d'autre part, il est plus léger et il est beaucoup moins économique.

Le déchet serait moins considérable si on achetait le

charbon de bois au poids, et non à la mesure, comme on le fait dans notre pays, mais la vente au poids amènerait encore plus de tromperie que la vente à la mesure parce qu'il suffirait de mouiller le charbon pour emprisonner dans ses pores une grande quantité d'eau invisible dont nous avons fait ressortir plus haut le double inconvénient.

C'est à un Français, Philippe Lebon, que l'on doit l'idée de distiller le bois en vases fermés, et nous verrons bientôt tout le parti que l'on a tiré de cette idée, car elle a été le point de départ de la fabrication du gaz de l'éclairage.

La poudre à tirer est formée de trois parties de nitre, d'une demi-partie de soufre et d'une demi-partie de charbon, soit :

Nitre.	75,0
Soufre.	12,5
Charbon.	12,5

S'il est une préparation qui exige un charbon très-combustible, c'est assurément celle-là, aussi la fabrication de ce charbon se fait-elle avec des soins tout particuliers. On opère en vases clos, on calcine à une température peu élevée, de façon à obtenir un charbon roux, plutôt que noir, et brûlant avec une extrême rapidité, par suite de la cuisson à l'abri de l'air et de la faible température où l'on a opéré. Enfin, on emploie des bois très-légers : le fusain, le bourdaine, et l'on a soin de faire usage de branches jeunes et de petit volume qui contiennent peu de matières minérales : précaution très-importante, parce que ces substances restent dans les armes et les encrassent.

On emploie en médecine le charbon comme absorbant; le produit plus connu est le charbon du docteur Belloc, qui se fabrique par la calcination, à une température peu élevée, de branches de peuplier de trois ans environ.

Depuis une vingtaine d'années, on consomme une sorte de charbon, connu sous le nom de *charbon de Paris*, dont la fabrication très-intéressante est due à M. Popelin-Ducarre.

On utilise, pour l'obtention de cette matière, une foule de débris organiques sans valeur dont on ne trouve qu'un écoulement difficile : de la tannée, des résidus pulvérulents de charbon de bois, de coke, etc. Ces matières, carbonisées dans un four en briques, sont humectées avec 10 pour 100 d'eau, puis broyées entre des cylindres. La poudre obtenue est mêlée à 35 à 40 litres de goudron de houille par 100 kilogrammes, et le tout est mélangé avec soin dans des auges, sous des meules coniques. Lorsque le mélange est homogène, on le foule, au moyen de pistons, dans des cavités cylindriques ménagées dans des pièces en fonte. La pâte prend la forme du moule et sort par l'extrémité libre du cylindre. On abandonne pendant quelque temps ces cylindres sous des hangars très-aérés, et enfin on les carbonise faiblement dans des fours, de façon à décomposer la matière goudronneuse.

La puissance calorifique de ce charbon est beaucoup moindre que celle du charbon de bois, car il contient plus de 20 pour 100 de cendres; mais il a le précieux avantage, une fois allumé, de continuer à brûler sans s'éteindre et de brûler avec une extrême lenteur en se recouvrant de cendres, de sorte qu'il est d'un excellent emploi pour toutes les opérations, culinaires et autres, qui exigent une chaleur peu intense, longtemps soutenue.

C'est par un moyen analogue que l'on fabrique ces charbons de forme prismatique que l'on voit aujourd'hui sur les locomotives; ils sont formés de poussier de houille et de coke agglutiné par des résidus de goudron de gaz.

On donne le nom de *noir animal* au produit, d'apparence charbonneuse, que l'on obtient par la calcination des os en vases clos.

Les fabricants de noir achètent les os enlevés sur la voie publique et commencent par les débarrasser de la graisse qu'ils renferment en les chauffant dans l'eau bouillante. Le corps gras surnage, on l'enlève et on l'utilise pour fabriquer des savons de basse qualité. Les os dégraissés sont séchés, puis placés dans des pots en terre que l'on empile les uns sur les autres et qui se bouchent mutuellement. Ces pots sont enfermés dans une chambre en briques séparée d'un foyer inférieur par une muraille percée d'ouvertures qui répandent uniformément la chaleur dans la chambre.

On chauffe au rouge : les os se décomposent en dégageant des matières volatiles. On continue l'action du feu pendant 24 à 36 heures tant qu'il se forme des produits gazeux, puis on laisse refroidir à l'abri de l'air. Lorsque les caisses sont froides on les retire et on porte les os sous des moulins pour les réduire en grains. Pendant ce broyage il se forme une certaine quantité de poussière qu'on sépare par un blutoir.

Nous verrons les emplois importants de ce noir lorsque nous traiterons des propriétés du charbon; disons simplement ici que cette matière n'est pas, à beaucoup près, du charbon. Elle ne renferme guère que 10 pour 100 de cette matière; le reste est formé de 90 pour 100 de substances minérales parmi lesquelles domine le phosphate de chaux.

On trouve aussi dans le commerce du *noir d'ivoire* fabriqué par la calcination des rognures d'ivoire des tabletiers, et du noir de *Cologne ou de Cassel* obtenu par la carbonisation d'os de pieds de moutons nettoyés avec soin.

Nous arrêterons là cette description des charbons amorphes artificiels et nous dirons quelques mots des combustibles fossiles, *anthracite, houille, lignite* et *tourbe*.

Ces quatre matières ne peuvent être séparées dans une étude rationnelle parce que leur origine est la même; toutes quatre proviennent de végétaux ayant vécu à la surface de la terre, enfouis dans le sol et minéralisés par les actions combinées du temps, de la pression et de la chaleur.

L'ordre dans lequel nous les avons énoncées est leur ordre d'ancienneté. L'anthracite se rencontre dans les terrains d'origine aqueuse les plus anciens; la houille existe dans des terrains un peu plus récents, qui ont pris le nom de terrains *carbonifères*, et qui sont formés de couches de grès, de schistes argileux et de calcaire. La houille forme dans le grès des lits superposés quelquefois en grand nombre, le plus ordinairement sinueux, souvent repliés sur eux-mêmes.

Le lignite est un combustible fossile enfoui dans des terrains beaucoup moins anciens, et la tourbe se forme pour ainsi dire dans le fond de nos lacs et de nos marais par l'enfouissement et la putréfaction des débris organiques qui y tombent.

On a trouvé dans la tourbe, dans le lignite, dans la houille, dans l'anthracite même des débris végétaux qui rendent leur origine non douteuse; mais la végétation au temps où la houille s'est formée était fort différente de la végétation actuelle qui se rapproche beaucoup au contraire de celle qui a produit le lignite. En effet, le chêne, le hètre et les autres essences de nos forêts se reconnaissent manifestement dans les lignites, tandis qu'on ne trouve dans les terrains houillers que des traces, des empreintes de palmiers, de fougères, de prêles gigantesques. La grandeur de ces restes, jointe à l'épaisseur des couches houillères, prouve à n'en pas douter qu'à l'époque houillère une végétation luxuriante, dont les forêts tropicales ne donnent qu'une faible idée, s'étalait à la surface de la terre. Il faut en conclure encore qu'à cette époque la croûte terrestre devait être à une température plus élevée qu'aujourd'hui, et que l'atmosphère était beaucoup plus chargée d'acide carbonique et de vapeur d'eau.

Ces combustibles ne sont ni les uns ni les autres du charbon pur; tous renferment de l'hydrogène, de l'oxygène, de l'azote et des matières minérales, qui annoncent leur origine. Mais leur pureté relative doit être nécessairement liée à leur profondeur dans le sol, leur temps d'enfouissement, et la pression et la chaleur à laquelle ils ont été soumis. La tourbe a presque la composition de nos bois, le lignite renferme moins de corps volatils, il y en a beaucoup moins dans la houille et surtout dans l'anthracite.

Leur inflammabilité et leur valeur calorifique sont liées aux mêmes circonstances. L'anthracite s'embrase avec une extrême difficulté mais produit plus de chaleur que les autres; la houille s'enflamme mieux mais développe moins de chaleur; la facilité d'inflammation des lignites et des tourbes est beaucoup plus grande de même que leur pouvoir calorifique est incomparablement plus faible.

Ce n'est que depuis le commencement de ce siècle que l'emploi de la houille s'est généralisé, mais on en a fait usage dans les temps les plus reculés. Un écrit de Théophraste, qui vivait 300 ans avant J. C., parle d'un charbon retiré de la terre, en Ligurie, qui donne beaucoup plus de chaleur que le bois, et qui est employé par les forgerons pour fabriquer les armes et les outils. Les Romains ouvrirent des mines de houille dans le nord de l'Angleterre. Les premières mines exploitées par les modernes furent celles des environs de Liége, découvertes vers le onzième siècle par un forgeron du pays. Celles de Newcastle et celles de Saint-Étienne étaient connues depuis un temps reculé, mais il n'y eut d'extraction régulière qu'au douzième siècle.

La houille a une densité variable oscillant entre 1,15 et 1,60. Sa texture est schisteuse, ce qui veut dire qu'elle est formée de lamelles superposées. Elle est noire ou brune, assez fragile et assez molle pour tacher les doigts.

On en distingue diverses espèces d'après la manière dont elles brûlent. Les unes, dites houilles *sèches*, s'embrasent avec peine, tombent en poudre, brûlent avec une flamme très-courte, et fournissent un coke terne, qui n'est pas boursouflé; certaines houilles des Vosges et de l'Aveyron sont dans ce cas. Il est des houilles sèches qui brûlent avec une flamme longue, comme celles de Blanzy, mais qui se rapprochent des précédentes par la nature sèche du coke qu'elles fournissent. Les autres, nommées houilles *grasses*, doivent ce nom à ce qu'elles éprouvent par la chaleur une demi-fusion, qui les rend pâteuses et qui en agglutine les diverses parties; elles fournissent un coke brillant et boursouflé. Ces propriétées sont exagérées dans certaines houilles, employées par les forgerons, et que l'on nomme, en raison de cette circonstance, les houilles *maréchales*. Les mines de Saint-Étienne et de Mons contiennent du coke de cette nature. Celles d'Alais et de Rive-de-Gier fournissent des houilles grasses devenant moins pâteuses et donnant un coke plus compacte et préférable aux autres pour les travaux métallurgiques. La fabrication du gaz de l'éclairage, le chauffage des appartements exigent une houille grasse brûlant avec une longue flamme; cette qualité se trouve dans certaines variétés de charbon de Mons, appelées le *flénu*, qui fournissent un coke excellent pour le chauffage domestique.

La composition de ces houilles et leur valeur calorifique varient dans des limites assez étendues.

La houille	d'Alais	contient en moyenne	89	p. 100	de carbone.
—	de Rive-de-Gier	—	87	—	—
—	de Blanzy	—	76	—	—

Le reste est de l'hydrogène, de l'oxygène, de l'azote et des cendres. La proportion d'hydrogène oscille entre 4,5 et 5 pour 100 dans ces diverses houilles. La quantité d'oxygène et d'azote est beaucoup plus variable; tandis que les charbons d'Alais et de Rive-de-Gier renferment de 4,5 à 5 pour 100 de ces matières, il y en a 15 à 16 pour 100 dans les houilles de Blanzy. Ce fait a une grande importance, car l'oxygène et l'azote ne sont pas des corps combustibles. La proportion de cendres est un peu plus forte dans les houilles de Blanzy que dans celles d'Alais et de Rive-de-Gier, car elle est de 2,28 pour les premières, tandis qu'elle oscille entre 1,40 et 1,80 pour ces dernières. Les houilles de Newcastle sont intermédiaires entre celles d'Alais et celles de Rive-de-Gier, et se rapprochent surtout de ces dernières.

Lorsqu'on examine les cendres du charbon de bois et celles de la houille, on y trouve une différence du plus haut intérêt. Les cendres de bois, traitées par l'eau, fournissent une liqueur alcaline, bleuissant énergiquement le tournesol; la matière qui communique à l'eau cette basicité est le carbonate de potasse. L'eau qui a séjourné sur les cendres de houille ne fournit rien de semblable : elle n'est pas basique. L'alcali communique aux cendres de bois des propriétés précieuses, il les rend aptes au nettoyage du linge, et personne n'ignore que la lessive se fait dans les campagnes en faisant passer de l'eau chaude dans un cuvier où l'on a placé le linge recouvert d'un lit de cendres de bois. L'eau dissout l'alcali qui attaque les matières grasses et les autres substances qui salissent le linge. Le procédé de lessivage employé dans les villes est en réalité le même; seulement, au lieu d'employer les cendres qui agissent par l'alcali qu'elles renferment, on fait agir sur le linge la matière alcaline extraite antérieurement.

La cendre qui a servi au lessivage est encore utilisée, on l'emploie comme engrais pour les terres. Cette matière agit par l'alcali qu'elle n'a pas cédé à l'eau et par les phosphates qu'elle contient : on désigne ce produit sous le nom de *charrée* et on en fait un grand usage dans l'ouest de la France.

L'anthracite est généralement plus riche en carbone que la houille; la proportion de ce métalloïde atteint et dépasse même un peu la proportion de 90 pour 100. Elle fournit plus de 80 pour 100 de coke, tandis que les houilles en donnent de 65 à 75.

L'anthracite se présente en masses brillantes, ne tachant pas les doigts. Malgré sa plus grande richesse en principes combustibles, et par suite sa supériorité en puissance calorifique comparativement à la houille, elle est plus difficilement utilisable et plus rarement employée, parce qu'elle se délite et se réduit en miettes sous l'influence de la chaleur, et qu'elle ne brûle qu'avec difficulté. Mais si l'on dispose d'un puissant tirage, elle dégage plus de chaleur que la houille, et elle présente en outre l'avantage de ne pas produire de fumée.

Le lignite est moins abondant que la houille. Il lui est inférieur, parce qu'il ne renferme que 4 à 6 pour 100 d'hydrogène et 50 à 70 pour 100 de carbone. Il brûle avec une flamme longue dont le pouvoir calorifique est faible et qui s'accompagne d'une fumée noire, possédant une odeur désagréable. Il ne fournit que 35 à 50 pour 100 de coke, et comme il ne se boursoufle pas en brûlant, ce coke est en petits fragments secs. Le lignite se rapproche donc des houilles sèches à longue flamme.

On exploite aux environs de Cologne une variété de lignite brune qui sert comme couleur dans la peinture, sous le nom de *terre de Cologne ou de Cassel*. Pour l'obtenir il suffit de délayer dans l'eau ce lignite naturel, et de décanter au bout de quelques instants pour séparer du sable et d'autres matières étrangères qui se précipitent en premier lieu. Le lignite se dépose à son tour; on le sépare de l'eau et on le sèche à une température peu élevée.

Enfin on trouve dans les Hautes-Alpes, dans l'Aude, en Prusse, en Irlande, et surtout dans les Asturies, une variété de lignite brillante, d'un beau noir, susceptible d'être travaillée au tour et de prendre un poli remarquable. On en fait des boutons, des broches, et d'autres bijoux, que l'on vend sous le nom de *jais* ou de *jayet*. Ces objets présentent un double inconvénient : ils sont combustibles et très-fragiles; aussi remplace-t-on généralement aujourd'hui ce produit naturel par des verres noirs étirés en tubes ou par des métaux, de l'os ou de la corne, recouverts d'un vernis noir.

La tourbe est un produit fossile d'origine récente; on y distingue parfaitement les débris ligneux dont elle est formée. C'est un combustible très-inférieur en qualité aux précédents; il brûle en dégageant beaucoup de produits volatils, odorants.

Toutes les variétés de charbon dont nous venons de parler sont amorphes; il nous reste à faire connaître deux produits naturels, le *graphite* ou *plombagine*, et le *diamant*, qui affectent l'état cristallin.

Les cristaux de ces deux variétés n'offrent entre eux aucune analogie; leur apparence extérieure est tout à fait différente, car la plombagine est noire, opaque et tendre, tandis que le diamant est incolore, transparent et très-dur.

La plombagine se rencontre dans les terrains anciens. Les mines exploitées en premier lieu ont été celles du Cumberland qui sont à peu près épuisées aujourd'hui. Il en existe dans l'Ariége, dans les Hautes-Alpes, en Espagne, en Bavière, dans le nord de l'Italie, mais la matière est peu abondante et assez impure. On en a trouvé de beaux gisements à Ceylan et dans les monts Ourals.

L'usage le plus ancien de la plombagine est la fabrication des crayons qui était déjà connue au quinzième siècle. Lorsque la matière est pure, comme celle du Cumberland, la fabrication est des plus simples. On divise la plombagine en baguettes au moyen de scies convenables, et on les enchâsse dans des moules en bois préparés à l'avance. Quand la substance n'est pas fine, il faut la débarrasser d'abord du sable et des matières étrangères, puis mouler et comprimer la plombagine ainsi purifiée en pains que l'on puisse scier ensuite. Jusqu'au commencement de ce siècle, la France était tributaire des Anglais pour cet objet, parce qu'on n'exploitait guère que les mines du Cumberland. En 1795, Conté, né à Séez, département de l'Orne, eut l'idée de mélanger de la plombagine et de l'argile en poudre fine, d'en faire une pâte épaissé avec de l'eau, et de mouler cette matière. Par la dessiccation on obtient des crayons qui ont une dureté variable avec le dosage employé, et que l'on connaît sous le nom de *crayons Conté*. En y ajoutant de la sanguine ou d'autres matières colorées, on modifie leur teinte, et en y mélangeant un corps gras on obtient des crayons qui forment sur le papier des traits un peù gras que le frottement n'enlève pas.

L'emploi de la plombagine pour la fabrication des

crayons repose sur la mollesse de ce corps et sur la teinte brune qu'il laisse sur le papier. Cette nuance a fait donner aux crayons le nom de crayons à la *mine de plomb*, mais il ne faut pas oublier qu'il n'entre pas de plomb dans leur composition.

La plombagine délayée dans l'eau ou dans l'huile est appliquée sur les objets en fonte ou en fer, tels que les poêles, les tuyaux. Elle leur donne une teinte grise, un aspect luisant, et surtout elle atténue l'oxydation due à l'oxygène de l'air. Elle forme aussi, par son mélange avec la graisse, une pâte très-convenable pour adoucir les frottements dans les machines.

Il est deux autres propriétés de la plombagine qui ont reçu d'utiles applications. La première est son infusibilité : on fabrique avec elle des creusets réfractaires qui ne se fondent pas sous l'influence du feu; la fusion du cuivre et celle des métaux précieux s'opère le plus ordinairement dans des creusets de cette matière.

La deuxième est son pouvoir conducteur pour l'électricité. Personne aujourd'hui n'ignore que la galvanoplastie est un art qui consiste à enlever par un courant électrique un métal d'une de ses dissolutions salines, et à le déposer en couches adhérentes sur un moule placé dans la solution. Les moules dont on dispose d'ordinaire sont en cire, en plâtre, en gutta-percha, c'est-à-dire en substances qui ne conduisent pas le courant, ce qui revient à dire que le dépôt ne se formerait pas sur ces moules sous l'influence de l'électricité. On leur donne la conductibilité nécessaire en les enduisant au pinceau de plombagine délayée dans l'eau; la couche déposée est tellement mince qu'elle n'altère pas la pureté des traits et la sincérité de la reproduction.

Il nous reste à parler d'une dernière variété du charbon, qui est le diamant. Toutes les espèces de charbon que nous avons examinées offrent entre elles des différences saillantes, mais elles ont tant de ressemblances physiques et chimiques qu'on n'est nullement surpris de l'identité de leur constitution. Il n'en est pas de même pour le diamant, car il n'est pas de substances qui contrastent d'une façon plus étrange que les variétés de charbon précédentes et le diamant. Les premières sont noires et opaques, le diamant offre la limpidité de l'eau pure, et jette des feux dont l'éclat et les couleurs sont d'une beauté sans rivale. L'un est tellement mou qu'il tache les doigts ; l'autre possède une dureté si grande qu'il raye tous les corps sans exception : ce qui lui a valu chez les anciens le nom d'*adamas* indomptable.

Le premier point à établir est donc de démontrer l'identité de ces deux corps. Pour cela il suffit de faire une chose bien simple, en théorie au moins : c'est de brûler du diamant. Si ce corps est du charbon, il fournira de l'acide carbonique, et rien que de l'acide carbonique.

Dans la pratique, l'expérience présente une certaine difficulté parce que le diamant ne brûle pas directement; il doit avoir été préalablement changé en charbon ordinaire. Cette transformation, peu fructueuse matériellement parlant, mais très-intéressante au point de vue théorique, a été faite par un habile chimiste, M. Jacquelain.

Si l'on prend un diamant et qu'on le place dans une petite cavité entre les deux pôles d'une pile puissante le diamant rougit d'abord, puis se boursoufle considérablement. Après le refroidissement, on trouve un corps noir et tachant les doigts. Il a toute l'apparence du coke, il en a pareillement la nature, car si l'on prend cette matière, qu'on l'échauffe au rouge, et qu'on l'introduise dans un flacon rempli d'oxygène, elle brûle et se change en un gaz. Ce gaz est l'acide carbonique; en effet, si l'on verse dans le flacon de l'eau de chaux bien limpide, elle se trouble abondamment en donnant du carbonate de chaux, et il ne se forme pas d'autre produit dans cette combustion.

Le fait n'est donc pas douteux : le diamant et le charbon ne sont qu'un seul et même corps. Cette identité n'est connue que depuis le commencement de ce siècle, et voici l'histoire sommaire de cette découverte.

Anselme Boëce, au commencement du dix-septième siècle, émit l'opinion que le diamant pouvait être combustible. Plus tard, Newton, s'appuyant sur ce double fait que les corps combustibles réfractent fortement la lumière, et que le pouvoir réfringent du diamant est extrême, pressentit aussi cette combustibilité. Les premières expériences sur ce sujet sont dues à Cosme, grand-duc de Toscane, et aux académiciens del Cimento de Florence, qui constatèrent, en 1694, que le diamant brûle au foyer d'un miroir ardent. Plus tard François de Lorraine, depuis grand-duc de Toscane et empereur d'Allemagne, fit placer dans un creuset des diamants et des rubis pour une valeur de 6000 florins. Après avoir chauffé vingt-quatre heures, on ouvrit le creuset; les rubis étaient inaltérés, il ne restait pas trace de diamant.

Ces expériences furent répétées par d'habiles chimistes français, Darcet, Rouelle, Macquer, etc., et leur parfaite exactitude fut reconnue. Il restait à en trouver l'explication. Était-ce une simple volatilisation, comme celle de l'eau, qui se répand en vapeurs sans changer de nature, lorsqu'on la chauffe, ou bien était-ce une combustion, comme celle du charbon, qui disparaît quand on le calcine à l'air, parce qu'il donne avec l'oxygène un gaz invisible?

La question était indécise, lorsque Lavoisier la reprit sur l'indication donnée par des joailliers de Paris, que non-seulement le feu ne détruisait pas le diamant, mais qu'il lui donnait de la qualité. Il reconnut que la prétendue évaporation du diamant cessait à quelque température qu'on le chauffât, si l'on avait soin d'opérer à l'abri de l'air; que le diamant disparaissait, au contraire, quand on le chauffait à l'air, et qu'il donnait, dans cette circonstance, de l'acide carbonique comme le charbon. Sa conclusion fut que la plus grande analogie existe entre ces deux substances. Un pas restait à faire, il est dû à un autre chimiste français, Guyton-Morveau, qui affirma que le diamant était du carbone.

Ainsi le diamant est du carbone cristallisé, et le coke est du carbone non cristallisé. Demandons-nous maintenant ce que c'est qu'une substance cristallisée? Quand on examine les corps de la nature, on en rencontre — et c'est le cas le plus fréquent — qui se présentent sous des formes géométriques à arêtes tranchantes, à faces lisses et polies; il semble, en un mot, qu'ils sortent des mains du lapidaire. Tels sont le sel, l'alun, le diamant.

Le sel ordinaire est en grains, et chacun de ceux-ci a la forme d'un cube, c'est-à-dire d'un dé à jouer.

La forme de l'alun est comprise entre deux pyramides à quatre faces appliquées l'une contre l'autre, constituant un ensemble qui, ayant huit faces triangulaires équilatérales, s'appelle un octaèdre régulier. Le diamant a précisément cette forme (fig. 51). Il est rare qu'on rencontre

Fig. 51.

cette pierre en octaèdres; sa forme la plus ordinaire est celle d'un solide à quarante-huit faces, qu'on doit considérer comme un octaèdre régulier dans lequel chacune des huit faces est cachée sous une pyramide à six faces. Comme les diamants sont d'ordinaire très-petits, ces faces sont si ténues, que le cristal paraît être une boule. Ce n'est là qu'une apparence, et l'on peut s'assurer de l'existence des arêtes qui bordent les facettes de ces petits cristaux en pressant un diamant contre une lame de verre. On entend un cri, qui résulte de ce que l'arête du diamant pénètre dans le verre, le raye et le coupe, car si l'on appuie en porte à faux sur la lame, elle se sépare avec la plus parfaite régularité. Cette propriété provient non-seulement de l'extrême dureté du diamant, mais encore elle tient à une curieuse particularité : ses arêtes sont curvilignes, ce qui leur permet de pénétrer comme un coin dans le verre et de faire une entaille.

Il est des corps qui n'offrent pas ces formes régulières : on dit qu'ils sont amorphes. Le coke, le noir animal, le noir de fumée ne sont pas cristallisés, ils sont amorphes.

Savons-nous former des corps cristallisés? Oui, et voici une règle aussi précise que simple : Il faut amener le corps que l'on se propose de faire cristalliser, soit à l'état liquide soit à l'état gazeux, et l'abandonner à un refroidissement lent. Jetons un rapide coup d'œil sur les procédés de cristallisation dont on fait usage.

Lorsqu'on chauffe du soufre et les divers métaux, ils fondent. Si l'on abandonne alors ces corps devenus liquides à un refroidissement lent, leurs molécules se groupent régulièrement et forment de véritables chefs-d'œuvre géométriques que l'on met au jour en écoulant le liquide avant que la solidification soit totale.

D'autres substances, comme l'iode, l'arsenic, la naphtaline, s'échappent en vapeurs quand on les chauffe. Si, au lieu de laisser perdre ces vapeurs dans l'air, on les recueille dans un récipient convenable, on leur trouve des formes géométriques.

Enfin, lorsqu'une substance dissoute dans un liquide vient à se déposer tranquillement dans son sein, elle affecte la forme cristalline ; c'est ainsi que le sel se dépose dans les marais salants, que le sucre candi se prépare dans les raffineries.

En appliquant ces méthodes, on est arrivé à reproduire la majeure partie des substances naturelles avec leurs formes cristallines. Ce sont là des résultats du plus haut intérêt, parce qu'ils nous font pour ainsi dire assister à la formation de l'écorce du globe, et jettent une vive lumière sur les révolutions qu'elle a subies et sur les divers états par lesquels elle a passé. Parmi les imitateurs de la nature, il faut placer au premier rang de Senarmont et M. Henri Sainte-Claire Deville.

Il semble résulter de là que rien ne doit être plus facile que de fabriquer du diamant; il suffit d'appliquer ces principes à la cristallisation du charbon. Beaucoup de savants ont rêvé, ont tenté la fabrication du diamant. Ce problème n'a pas de rapport avec celui de la transmutation des métaux vils en or, à laquelle les alchimistes consumaient leur existence : ceux-ci prétendaient changer la nature des corps, tandis que ceux qui poursuivent la fabrication du diamant tentent simplement de faire passer un corps amorphe à l'état cristallin.

Il y avait peu d'espoir à fonder sur l'action de la chaleur, car la remarquable expérience de M. Jacquelain montre que le diamant se réduit en charbon lorsqu'on le chauffe. Cependant, comme la chaleur produit souvent des effets inverses suivant l'intensité, Despretz essaya sur le charbon l'action d'une pile de 600 éléments, et pour que le charbon ne prît pas feu, il fit l'expérience dans un grand vase de verre privé d'air. Le charbon éprouva un commencement de fusion, mais en aucun des points scoriacés il n'apparut de cristaux. Il réunit une batterie de 800 couples, et il répéta l'expérience sur une baguette de charbon. Une lumière intense apparut, lumière si vive, que son éclat est dangereux. Tout à coup l'appareil se remplit d'une fumée noire qui se déposa sur les parois froides du vase sous forme d'une poudre à demi cristalline; mais ces cristaux n'avaient ni l'éclat ni la dureté du diamant, et ils étaient noirs : c'était du graphite souillé par du noir de fumée.

Despretz ne se tint pas pour battu. Il imagina une foule d'appareils dans le but d'obtenir un dépôt lent de charbon sous l'influence de l'électricité. Il fit passer pendant des mois entiers des milliers d'étincelles dans l'œuf électrique, après avoir placé une baguette de charbon de cornue à sa partie inférieure et des fils de platine dans sa région supérieure. Les fils de platine se recouvrirent de noir de fumée; mais sous cette couche de charbon amorphe se cachait une matière noirâtre, extrêmement dure, qui polissait le rubis comme le fait seul le diamant. Cette substance, examinée avec un puissant microscope, parut contenir des octaèdres.

Despretz essaya l'action d'une pile faible prolongée pendant six mois sur un composé renfermant du chlore et du carbone. Ces deux corps se séparèrent, et il vit le pôle négatif se recouvrir d'un enduit noir polissant le rubis. Était-ce du diamant? ou bien n'était-ce pas plutôt une matière noire très-dure, nommée le *carbone* par les lapidaires, qui semble être la première étape de la formation du diamant, et que l'on a trouvée dans les mines de Bahia? Il est impossible de le dire, car Despretz n'a obtenu que des traces de cette matière. Cependant il a fait un pas vers la reproduction du diamant, et c'est peut-être à ces résultats que l'on peut appliquer ces mots de Daubenton : « Pour obtenir davantage, il faudrait le temps, l'espace et le repos, » trois éléments dont la nature dispose seule à son gré.

M. H. Sainte-Claire Deville, en étudiant le bore, corps très-voisin du charbon, a montré que cette substance peut se dissoudre dans l'aluminium et s'en séparer en cristaux doués de la dureté et de la réfringence du diamant; il tenta de faire cristalliser le charbon par un moyen analogue. On ne connaît qu'une substance susceptible de dissoudre le charbon, c'est la fonte de fer. Il fit passer du chlorure de carbone en vapeur sur de la fonte tenue en fusion dans une nacelle de porcelaine, dans l'espoir que le carbone se séparerait du chlore, se dissoudrait dans la fonte, et se disposerait en cristaux. Toutes ces prévisions se réalisèrent, et le carbone cristallisa : mais c'était encore du graphite cristallisé en prismes à six pans qui n'ont pas la moindre analogie, qui sont *incompatibles* avec les octaèdres réguliers du diamant. Jusqu'ici donc, la nature a gardé son secret, le charbon a résisté à toutes les tentatives faites en vue de le changer en cristaux incolores, et il faut se résigner à aller le chercher dans le sol. Chose vraiment singulière, comme si tout ce qui a trait à ce corps devait être entouré de mystère, on a su découvrir les roches où se trouvent la houille, l'or, les autres métaux, et l'on ne connaît pas encore les terrains où s'est formé le diamant.

Le diamant a été amené dans l'origine des Indes; les royaumes de Golconde et de Visapour en eurent le monopole jusqu'au commencement du dix-huitième siècle, époque de la découverte des mines du Brésil; aujourd'hui la presque totalité nous arrive de Bahia et du district de Minas-Geraëz. On en importe en Europe environ 180000 carats par an, et comme le carat pèse 200 milligrammes, cela représente 36 kilogrammes. La moitié de ces pierres passe par la maison Coster, de Paris, dont la taillerie est à Amsterdam. Deux pour cent d'entre elles sont impropres à la taille, et se vendent sous le nom de *bord*, 20 francs le carat. On les pile dans des mortiers d'acier, afin d'en faire la poudre avec laquelle on taille le diamant, et qu'on nomme l'*égrisée*.

Le diamant brut vaut en moyenne 100 francs le carat, de sorte que l'importation du diamant en Europe représente à peu près 18 millions de francs.

On rencontre le diamant dans des terres transportées par les eaux, au milieu de sables qui ont formé ou qui forment encore le lit des torrents, de sorte qu'il faut profiter de la saison sèche pour se procurer ces terres; quelquefois on va même jusqu'à détourner le lit de ces cours d'eaux. Si nous ajoutons que le diamant est recouvert d'une sorte d'écorce terne, qu'il est empâté dans un ciment rougeâtre nommé le *carcalhô*, on aura une idée des difficultés de cette recherche, qui occupe un grand nombre d'esclaves qui travaillent demi-nus, afin de ne pas pouvoir cacher la précieuse matière. La recherche consiste en lavages successifs par lesquels on entraîne le sable, et en triage à la main des parties les plus lourdes, parce que le diamant est environ trois fois et demie plus lourd que l'eau.

Ce poids est un bon caractère pour distinguer le diamant

des autres pierres, excepté la topaze blanche du Brésil, nommée *goutte d'eau*, et le saphir blanc, dont la densité s'écarte peu de la sienne; mais sa dureté, et surtout une propriété optique curieuse donnent le moyen de le reconnaître. Si, en regardant un objet très-fin, comme la pointe d'une aiguille à travers une pierre précieuse, on aperçoit deux pointes, on peut être certain que cette pierre n'est pas du diamant. Toutes les autres gemmes doublent les objets; le diamant est la seule qui ne possède pas la *double réfraction*.

Les anciens peuples de l'Europe n'ont pas imaginé l'art de tailler le diamant; aussi peut-on dire qu'ils n'en ont pas connu le merveilleux éclat, parce que cet éclat tient à la puissance avec laquelle cette pierre réfléchit, réfracte et décompose la lumière, et que ces propriétés sont extrêmement faibles dans le diamant brut, en raison de l'enveloppe dépolie dont il est revêtu.

On attribue, d'ordinaire, à Louis de Berquem (de Bruges) l'honneur d'avoir découvert l'art de tailler le diamant vers le milieu du quinzième siècle. Mais M. Coster, qui a fait de ce point une étude approfondie, a tout lieu de penser que Berquem a seulement perfectionné la taille du diamant, qui était — le fait est avéré, — connue depuis longtemps dans les Indes. Un diamant remarquable, le Sancy, serait — à ce que l'on dit, — sorti de ses mains. Il brillait au casque de Charles le Téméraire, à la bataille de Granson; dans la déroute, un soldat l'arracha du casque, et, dans sa naïve simplicité, il le vendit deux livres à un moine. Au commencement du règne de Henri IV, on le retrouve aux mains du baron de Sancy qui, sachant son roi dans la détresse, le lui envoie. Le messager est assailli par des voleurs et tué; le baron, confiant en l'intelligence et en la fidélité de son envoyé, cherche son corps, le découvre dans un cimetière de village, l'ouvre, et y trouve la pierre précieuse qu'il avait avalée plutôt que de la laisser tomber aux mains des brigands.

Ce diamant passa en Angleterre, et Jacques II le céda à Louis XIV pour 625 000 francs. En 1792, il fut volé avec les autres diamants de la couronne, et il disparut jusqu'en 1835, où il fut vendu 500 000 roubles au grand veneur de l'empereur de Russie.

La taille du diamant constitue aujourd'hui une importante industrie localisée à Amsterdam, ville qui, à l'époque de Louis de Berquem, était, par le commerce de la Hollande avec les Indes, en rapport direct avec les contrées productrices du diamant. On a tenté en vain, même dernièrement, d'acclimater cette industrie en France, ce qui serait cependant bien naturel, puisque c'est à Paris que le montage de ces pierres se fait le plus ordinairement. La fabrique de M. Coster, qui est de beaucoup la plus importante, occupe 425 ouvriers, qui gagnent 50 à 65 francs par semaine, et il y en a dont le salaire atteint 85 francs.

Le travail du diamant est une opération très-délicate, dont nous allons essayer de donner une idée sommaire.

Lorsque la pierre brute présente des points noirs ou des défectuosités quelconques à l'intérieur, on la coupe, on la *clive*, pour employer l'expression scientifique et technique. Le clivage est une propriété qu'ont les cristaux de se fendre aisément suivant certaines directions nommées les plans de clivage. Le gypse, ou pierre à plâtre présente à un haut degré cette propriété, ce qui permet de le diviser, au moyen d'un canif, en lames d'une minceur extrême.

L'ouvrier fixe le diamant au bout d'un manche de bois, à l'aide d'une sorte de ciment très-dur à froid, qui se ramollit par la chaleur, et il appuie ce diamant contre un diamant, fixé par le même moyen sur une baguette pareille. S'il a saisi le sens du clivage, il fait un trait sur la pierre à tailler, et il suffit d'appliquer sur ce point un tranchant d'acier et de donner un léger coup pour diviser la pierre en deux parties.

Le diamant est alors soumis à l'*égrisage*, opération qui a pour but de tailler les plus larges facettes, et qui s'exécute en frottant le diamant contre un autre, jusqu'à ce que la facette ait la dimension convenable. Le plus ordinairement, l'ouvrier use l'un par l'autre deux diamants à tailler, et il exécute ainsi deux opérations à la fois. Lorsque la facette est terminée, il chauffe le ciment, et il retourne le diamant afin de tailler une autre facette. Cette opération exige beaucoup d'habileté, car il faut tailler le diamant de façon qu'il perde le moins de matière possible et qu'il offre les scintillements les plus beaux.

Les faces sont alors rugueuses; on leur donne le brillant et le poli, et l'on forme les petites facettes en frottant la pierre contre de la poudre de diamant délayée dans de l'huile d'olive et appliquée sur une meule horizontale d'acier mue par la vapeur et faisant six cents tours à la minute. Le diamant est scellé dans une soudure très-fusible à l'étain placée dans une coquille que l'ouvrier tient à la main. Quand la facette est terminée, on fond l'étain et l'on tourne la pierre dans un autre sens : c'est là ce que l'on appelle plus spécialement la taille du diamant.

On connaît deux sortes de taille principales : le *brillant* qui exige une pierre d'une certaine épaisseur, et la *rose*

Fig. 52.

qui s'applique aux pierres plates et petites. Il y a des roses si légères, que mille ne font pas un poids supérieur à un carat.

Pour se rendre compte de la taille d'un brillant, représentez-vous l'octaèdre régulier. Divisez par la pensée en six parties l'espace qui sépare deux des pointes opposées. Enlevez deux parties à la pointe du haut vous aurez la face extérieure nommée la *table*. Coupez, à partir du sommet inférieur, une partie seulement, vous aurez la face de dessous ou *culasse*. Entre elles on taille soixante-quatre facettes, losanges ou triangles. Les trente-deux facettes du haut constituent la *couronne*, les trente-deux autres forment le *pavillon*.

Les petits brillants portent moins de facettes. Au brillant se rattachent d'autres formes, la pendeloque et la briolette, diamant taillé aux Indes, qui a la forme d'une poire et qui est percé à la pointe.

La rose est plate à sa partie inférieure, et porte, sur le reste de son contour, vingt-quatre facettes (fig. 53).

Fig. 53.

Au premier rang des brillants se place, d'un avis général, le *Régent* de la couronne de France, par la beauté de sa forme et la pureté de son eau.

Ce diamant tire son nom du régent Philippe d'Orléans, qui l'acheta, en 1717, 3 375 000 francs.

Il a été trouvé à Golconde. A l'état brut, il pesait 410

carats. Pitt l'acheta 312 500 francs à Madras; sa taille dura deux ans et son poids se réduisit à 136 carats. L'opération coûta 125000 francs et fournit des déchets qui avaient une valeur de 75000 francs.

L'inventaire des diamants de la couronne fait en 1791 par une commission de joailliers évalua ce trésor à 21 millions, dans lequel le Régent figure pour 12 millions.

La valeur du diamant n'est pas soumise à de brusques fluctuations, à moins de circonstances extraordinaires. Elle n'a pas cessé de croître, et aujourd'hui elle est environ le double de ce qu'elle était à cette époque.

Le carat de petits diamants pesant au maximum un demi-carat vaut 250 francs environ. Un brillant d'un carat vaut de 450 à 500 francs; un brillant de deux carats, de 1500 à 1700 francs; un brillant de trois carats atteint une valeur de 3000 francs.

On ne peut rien dire de précis sur la valeur de cette pierre, surtout quand elle sort des limites de poids ordinaires. Mais en général les valeurs de deux diamants de même eau sont entre elles comme les carrés de leurs poids; ce qui signifie qu'un diamant dont le poids est le double d'un autre ne vaut pas deux fois plus que ce dernier, mais quatre fois plus. En appliquant cette règle, le Régent serait loin de valoir 12 millions. Dès que le diamant est teinté, — il est souvent coloré en jaune, en brun, en vert, — sa valeur subit une dépréciation considérable.

En 1792, on scella le Régent à une griffe d'acier attachée à une chaîne dans une muraille et l'on admit le peuple à le visiter. Le visiteur, placé entre deux gardes, prenait la pierre des mains d'un préposé placé derrière un guichet.

Lorsque ces visites furent terminées et que la pierre fut replacée dans le garde-meuble, on vola tout le trésor dans la nuit du 16 au 17 septembre 1792. Toutes les recherches furent infructueuses, et l'on croyait la perte irrévocable, lorsqu'une lettre anonyme vint annoncer à la Commune que les joyaux étaient enfouis dans l'allée des Veuves. On en retourna le sol, et l'on y trouva quelques pierres, parmi lesquelles était le Régent, que l'on n'avait pas pu vendre probablement.

La plupart des bijoux dérobés furent rachetés par Napoléon Ier, dès qu'il put retrouver leur trace, et le trésor de la couronne est, à quelques pertes près, le Sancy, par exemple, tel qu'il se trouvait avant la Révolution.

Le plus gros diamant connu pèse 300 carats; il appartient au radjah de Bornéo. On connaît un diamant très-lourd, désigné sous le nom de *Grand Mogol;* il pesait 780 carats à l'état brut, la taille l'a réduit à 279 carats. Il se trouve, dit-on, en Perse. Quelques personnes disent que ce n'est qu'un saphir blanc; quoi qu'il en soit, sa forme et son eau laissent beaucoup à désirer.

L'*Orlow* de la couronne de Russie pèse 194 carats.

Le *Grand-duc-Duc* de la Toscane pèse 139 carats.

La Compagnie des Indes a fait hommage à la reine Victoria d'un très-ancien diamant des rois de l'Inde. Cette pierre, nommée le *Kohinoor* (montagne de lumière), a été taillée par M. Coster; Wellington suivit avec assiduité ce travail. Son poids a été réduit par la taille de 186 carats à 103 carats.

Toutes ces pierres ont été trouvées aux Indes. Le Brésil n'a fourni que deux diamants très-remarquables : l'un est l'*Étoile du Sud*, qui a été trouvé dans la mine de Bagagem, et qui a été taillé par M. Coster. Il pesait 254 carats avant la taille, et il a été réduit à 125 carats. L'autre appartient à la couronne de Portugal.

Notre siècle est fécond en surprises, et le diamant en est un merveilleux exemple. Jusqu'à ces années dernières, c'était à peu près exclusivement un objet de luxe, car son emploi dans la taille du verre et la gravure des pierres fines est restreint; il n'en est plus ainsi maintenant. Chacun a pu voir dans les salons assyriens et égyptiens du Louvre des vases en granit et en porphyre présentant un poli qui a résisté à l'action du temps. Jusqu'à ce jour on ignorait l'art de travailler ces roches, sur lesquelles s'émousse l'acier le mieux trempé. Maintenant, cette lacune est comblée et c'est à un simple ouvrier pierriste, M. Bigot Dumaine, qu'est due cette importante découverte. Un habile mécanicien, M. Hermann, en fait aujourd'hui l'application : il façonne en coupes légères le porphyre le plus dur, il donne au granit le poli des pierres les plus fines; et c'est le diamant qui lui permet d'obtenir ces magnifiques résultats. On place la pierre sur un tour et on presse contre celle-ci un diamant serti à l'extrémité d'un outil d'acier, comme le tourneur en bois appuie son outil contre le bois qu'il veut façonner ou polir. L'urne funéraire en porphyre du tombeau de Napoléon aux Invalides est un très-beau spécimen de cette nouvelle branche des beaux-arts, et la fontaine de granit qui est placée devant une des portes du palais de l'Industrie, aux Champs-Élysées, montre l'avenir qui est réservé à cette industrie.

Cette fontaine est taillée dans un bloc colossal de granit

de la carrière de Laber, près de Brest, et voici les termes dans lesquels M. Dalloz racontait au *Moniteur* les péripéties de son voyage à Paris :

« Pour amener, dit-il, de Brest jusqu'à Paris, la masse de granit pesant 25 000 kilogrammes, dans laquelle a été découpée, comme à l'emporte-pièce, la grande vasque de $3^{m},40$, que de peines! Pour traîner ce rocher de la carrière à laquelle la mine l'a arraché, pas de route: l'arsenal de Brest veut bien fournir des apparaux, et, grâce à ce solide concours, cette difficulté est vaincue. Mais le colosse une fois sur le bord de la mer, le capitaine de navire chargé de le transporter hésite: on hésiterait à moins. Enfin il se décide, et le conduit à Rouen; là, nouveaux ennuis pour le transborder sur le chaland. Il arrive à Paris. On l'amène jusqu'à la porte du chantier; elle est trop étroite, il faut abattre un mur pour donner place à ce dé de Titans. Aucun obstacle n'a rebuté la volonté de M. Hermann, et prenant à partie son quartier de montagne, il est sorti victorieux de la tâche de géant qu'il s'était imposée. »

Ces procédés sont devenus assez économiques pour pénétrer dans l'industrie. Les meules de fonte dont se servaient les chocolatiers sont partout remplacées par des meules de granit, et les fabricants de couleurs ont substitué les appareils de granit au travail lent, pénible et souvent dangereux de la molette.

En 1862, M. Leschot, ancien élève de l'École centrale, a eu l'idée d'employer le diamant à perforer les roches les plus dures, et M. Pihet, a construit sur ces données un appareil avec lequel on perce le granit sans difficulté.

Jusqu'à ce jour, pour forer les rochers on s'est servi d'un fleuret ou d'une barre de fer sur laquelle on frappe en ayant soin de la faire tourner à chaque coup. L'appareil de M. Pihet est un tube en fer terminé par une bague d'acier dans laquelle on a serti des diamants noirs faisant saillie, les uns en avant du bord antérieur, les autres au dedans et au dehors.

On imprime à ce tube un mouvement de rotation, et l'on exerce une pression contre la roche. Ce double mouvement est donné au moyen d'une pression d'eau ou par tout autre système. Le tube est creux, et reçoit un courant d'eau qui enlève les débris du forage. Il reste dans le tube un noyau qu'on détache par un coup de marteau, de sorte que, au lieu de broyer toute la roche comme on le fait avec le fleuret, on n'en pulvérise qu'une faible partie. Ces appareils ont fonctionné avec un plein succès pour le forage du tunnel de Tarare sur le chemin de fer du Bourbonnais, et de celui de Port-Vendres sur le chemin de fer du Midi.

Le prix du diamant n'est pas un obstacle à son emploi, car le diamant noir, est impropre à la taille, et son prix n'est que de vingt à vingt-cinq francs le carat. De plus, ce diamant s'use à peine, et, lorsqu'il est hors de service, on l'extrait de la bague d'acier, et on le pulvérise, afin d'en faire l'égrisée qui sert au polissage du diamant.

La valeur de la houille est insignifiante, quand on la compare à celle du diamant, car si l'on imagine un diamant du poids de notre pièce de cinq francs d'argent, cette pierre vaudra plusieurs millions, tandis que la pièce la plus petite de nos monnaies de cuivre surpassera de beaucoup le prix du même poids de charbon de terre. Néanmoins les mines de Golconde et de Bahia ne valent pas pour un pays une mine de houille, parce qu'un pays n'est grand, prospère et libre qu'à la condition d'être industriel ; qu'il n'y a pas d'industrie possible sans combustible, et que la houille est, avons-nous vu, le combustible par excellence.

Malgré l'énorme différence du prix de ces deux matières, le rendement des mines de diamants est bien faible, eu égard à celui des mines de houille, car on n'extrait du sol que pour 18 à 20 millions de diamants, tandis que les houillères ont donné en 1857 un milliard et quart de quintaux métriques de cette substance, qui représentent une somme de 930 millions, et, depuis cette époque, l'extraction de la houille a suivi une marche ascendante des plus rapides.

La houille nous présente à son tour une de ces remarquables surprises qui sont, disions-nous, le caractère de notre époque. Cette matière vile et commune est depuis trois ou quatre ans la source de matières colorantes aussi remarquables par la richesse que par la variété de leurs nuances.

Quand on distille la houille pour fabriquer le gaz de l'éclairage, on sépare à grand'peine celui-ci de divers produits goudronneux. Il y a dix ans, ils étaient un embarras considérable dans les usines à gaz; aujourd'hui on les leur arrache pour la fabrication de magnifiques couleurs violettes, rouges, bleues, vertes, jaunes; et quoique la découverte de celles-ci ne date que de quelques années, on en prépare déjà pour près de 30 millions, c'est-à-dire pour une valeur supérieure à celle du diamant brut. Ainsi le diamant, qui n'était qu'un objet de luxe et de caprice, devient un objet d'une incontestable utilité. Réciproquement, la houille, dont toutes les applications semblaient marquées au coin de l'utile, rivalise avec le diamant dans le domaine de l'élégance et de la mode; et de même que ces deux corps, en apparence si divers, ont une nature identique, tous deux aussi se rencontrent par leurs applications sur le terrain de l'utile et du beau.

*

Le carbone peut être considéré comme infusible et fixe. Sa densité est très-variable, car celle du diamant atteint 3,50, celle de la plombagine dépasse 2, tandis que celle du charbon est de 2 environ. Ce dernier fait paraît invraisemblable, car le charbon de bois flotte sur l'eau, ce qui semble indiquer qu'il est moins lourd que l'eau, c'est-à-dire que sa densité est inférieure à 1. Il n'en est rien; si le charbon de bois flotte sur l'eau c'est parce qu'il est percé de canaux gorgés d'air dont la densité est 1700 fois moindre que celle de l'eau. En effet, si l'on abandonne du charbon de bois sur l'eau, il ne tarde pas à s'y enfoncer, et le poussier de charbon tombe au fond de ce liquide.

Les diverses variétés de charbon conduisent la chaleur et l'électricité d'une manière différente, mais on peut établir quelques règles sur cette conductibilité.

Un charbon qui n'a pas été chauffé fortement et longtemps est mauvais conducteur; tel est le cas du charbon de bois. Ce fait explique l'utilité de la pratique qui consiste à entourer de poussier de charbon les conduits de vapeur et les vases que l'on tient à ne refroidir qu'avec une extrême lenteur.

Au contraire, le charbon qui a été longtemps chauffé, acquiert de la conductibilité. Celui que l'on place au pied de la chaîne des paratonnerres est de la braise de boulanger, matière qui a subi dans le four l'action prolongée de la chaleur.

Le pôle positif de la pile de Bunsen se termine par un cylindre ou un prisme de charbon conducteur qui provient des cornues où l'on fabrique le gaz de l'éclairage; ce charbon est resté très-longtemps à la température rouge. C'est avec cette même matière que sont faites les baguettes de charbon qui terminent les deux pôles dans les appareils à lumière électrique.

Parmi les propriétés physiques de charbon, il n'en est pas d'aussi curieuse et d'aussi utile que son pouvoir absorbant pour les gaz, pour les matières colorantes et pour les corps dissous en général. Cette faculté d'absorption varie avec l'espèce de charbon dans les limites les plus étendues; nulle dans le diamant, très-faible dans les charbons brillants elle est extrêmement développée dans les charbons ternes, tels que le charbon de bois et surtout le noir animal.

Ces différences se comprennent sans difficulté parce que la puissance absorbante est due à la porosité. Le diamant n'est pas poreux, les charbons brillants le sont peu et les charbons ternes ont une porosité considérable. En effet, on a calculé que dans un gramme de charbon de bois, le nombre des pores et des canaux est tellement grand que leur surface dépasse un mètre carré. Si telle est la cause de cette propriété, elle ne doit pas être spéciale au charbon. C'est ce qui a lieu réellement; l'alumine, le platine en poudre et les autres corps poreux sont également doués de la puissance absorbante.

Rien n'est plus facile que la vérification de cette propriété. Il suffit de prendre un fragment de charbon de bois embrasé, de le plonger sous le mercure, et de le faire pénétrer dans une cloche pleine de gaz. L'expérience ne réussirait pas avec du charbon de bois froid, parce que ses pores sont obstrués par l'air atmosphérique; en le chauffant, on a chassé l'air, et en le refroidissant dans le mercure, on s'est opposé à la rentrée de cet air.

L'absorption varie avec la nature du gaz, la température et la pression. L'acide chlorhydrique, l'ammoniaque et les gaz très-solubles dans l'eau sont absorbés en grande quantité et avec rapidité, tandis que l'hydrogène, l'oxygène et les gaz peu solubles ne sont absorbés qu'avec lenteur et en proportion très-faible. L'absorption décroît avec la température et croît avec la pression.

Ce pouvoir absorbant nous explique l'augmentation de poids que le charbon éprouve à l'air, et les propriétés désinfectantes du charbon de bois. En sept jours, le charbon de bois augmente de 10 à 16 pour 100 son poids, en fixant les éléments de l'air et surtout son humidité. La propriété désinfectante du charbon a été signalée à la fin du siècle dernier par un marin russe, nommé Lowitz, mais, depuis les temps les plus reculés, on sait que le charbon ralentit et arrête la putréfaction dans certaines limites; certains écrits chez les Grecs en font foi, et l'habitude qu'avaient les Égyptiens de mêler de la poudre de charbon aux substances servant à l'embaumement en est une preuve non douteuse. Versons dans un flacon une solution d'hydrogène sulfuré, gaz doué d'une odeur infecte, ajoutons-y quelques pincées de charbon de bois et agitons ; au bout de quelques instants, la liqueur aura perdu toute odeur par la fixation du gaz dans les pores du charbon. Agitez avec la poudre de charbon, ou simplement, filtrez sur cette poudre de l'eau croupie, et elle redeviendra salubre. De la viande, du poisson qui commencent à se putréfier reprennent leur fraîcheur primitive, si on les entoure de charbon en poudre. Si la putréfaction est plus avancée, on l'arrêtera et on enlèvera toute odeur en plaçant la substance avec du charbon en poudre dans de l'eau que l'on porte à l'ébullition pendant un quart d'heure ou une demi-heure.

On conçoit que si le charbon arrête la putréfaction, même lorsqu'elle est en pleine activité, ce corps pourra servir, à plus forte raison, pour conserver des matières alimentaires fraîches à l'abri de l'altération. Le bouillon s'aigrit d'un jour à l'autre, pendant l'été surtout, lorsque le temps est orageux ; vous le maintiendrez intact en y plaçant quelques fragments de braise que l'on aura lavés avec soin, et surtout en le faisant bouillir matin et soir. La viande fraîche se gâte en quelques jours, en quelques heures même, au moment des fortes chaleurs, et cependant il est beaucoup de petites villes, de villages où l'on ne tue que deux fois, qu'une fois même par semaine ; vous la conserverez fraîche en l'enfouissant complétement dans le poussier de charbon. On peut l'entourer d'un linge, mais le mieux est de ne pas le faire : un simple lavage à l'eau fraîche enlèvera toute la poudre. Cette faculté précieuse du charbon est démontrée chaque année dans les classes des colléges, dans les cours des facultés, et cependant elle n'est pas encore entrée dans l'économie domestique. Espérons que l'enseignement adressé aux femmes sera plus heureux, et que cette pratique si simple, puisqu'elle se fait sans difficulté avec une matière d'une valeur très-faible qu'on trouve partout, se répandra maintenant au grand avantage de tous ceux qui n'habitent pas les villes pendant l'été.

Ces détails font pressentir et expliquent l'usage que la médecine fait du charbon pour rafraîchir l'haleine, arrêter l'altération des dents et traiter les plaies gangréneuses. Enfin, ils permettent de comprendre que l'on puisse désinfecter avec le charbon les matières fécales elles-mêmes. On livre à l'agriculture, sous le nom de *noir animalisé*, un excellent engrais qui n'est autre qu'un mélange de ces matières avec du poussier de charbon, obtenu par la calcination de diverses matières organiques de peu de valeur, la tourbe, le tan, la vase, mélangées d'argile.

Lowitz reconnut aussi que les charbons poreux ont la propriété de décolorer les liquides organiques. Que l'on agite, pendant quelques instants, du vin, du tournesol, de la cochenille ou une autre matière colorante organique avec du charbon de bois et surtout avec du noir animal, et aussitôt la liqueur est décolorée; car si on jette le mélange sur un filtre, la liqueur s'écoule incolore et limpide. Cette faculté décolorante a reçu depuis le commencement de ce siècle un grand nombre d'applications. Il en est une qui consomme d'immenses quantités de noir : c'est la fabrication et le raffinage du sucre; et l'on peut dire, sans exagération, que si cette propriété du noir n'avait pas été découverte, le sucre serait resté un produit de luxe et ne serait pas descendu par sa faible valeur à la portée de tous. Nous avons fait connaître la manière de préparer et de révivifier le noir animal, qui est, de tous les charbons, celui qui a le plus grand pouvoir décolorant et désinfectant, parce qu'il est le plus poreux de tous.

Parmi les autres applications auxquelles a donné lieu le pouvoir absorbant du charbon, il en est une qu'on ne peut passer sous silence en raison des services continuels qu'elle rend; nous voulons parler de l'emploi de ce corps pour la purification des eaux.

L'eau de la Seine et des rivières en général, l'eau des étangs et des mares, à plus forte raison, sont plus ou moins infectées par la putréfaction des corps organiques, et plus ou moins salies par diverses substances en suspension. On conçoit, d'après ce que nous avons dit plus haut, que l'on puisse purifier ces eaux en les forçant à filtrer à travers des couches de charbon. Les premiers essais en grand de la clarification des eaux, à Paris, ont été faits, en 1800, dans un établissement du quai des Célestins, qui fonctionne encore aujourd'hui.

La fontaine filtrante la plus simple est un vase en bois, ou mieux en grès, élevé sur un tréteau, dans le milieu duquel est un plateau percé de trous. Ce plateau est recouvert d'une étoffe de laine au-dessus de laquelle sont placés deux lits de sable séparés par une couche de charbon de bois en poudre. On applique sur ces matières un autre plateau portant une ou deux têtes d'arrosoir, percées de trous et entourées d'éponges. Les matières en suspension les plus grosses sont arrêtées par l'éponge, les autres par le sable, et les matières infectes ou colorées sont absorbées par le charbon. L'eau dépurée arrive dans le bassin inférieur et s'écoule par un ou plusieurs robinets. Si l'eau est très-impure, le filtre n'opère d'effet utile que pendant un mois ou deux, mais rien n'est plus facile que de le démonter et de le remplacer.

Dans quelques pays où l'on n'a que de l'eau marécageuse à sa disposition pendant l'époque des sécheresses, on change l'eau bourbeuse et infecte en une eau limpide et inodore, en plaçant dans la mare un tonneau percé de trous par le fond et en disposant les couches filtrantes sur ce fond lui même. L'eau se purifiera en traversant le filtre de bas en haut, et on aura sans cesse, dans l'intérieur de l'eau propre aux usages domestiques, en ayant soin de maintenir le dessus de ce vase plus haut que le niveau de l'eau et de le fermer par un couvercle s'enlevant à volonté.

Cette filtration par le sable et cette épuration par le charbon sont très-efficaces, mais l'action est lente, et, par suite, la clarification ne serait pas assez rapide si l'on avait à purifier de grandes quantités d'eau, comme cela se présente pour l'alimentation d'une ville entière. On active l'opération en se servant de filtres clos dans lesquels l'eau arrive d'un réservoir supérieur sous une pression supérieure à celle de l'atmosphère. Cette invention a atteint un grand degré de perfection dans l'appareil Fonvielle, formé de trois compartiments superposés, séparés par des cloisons percées de trous, et contenant, le premier des éponges, le second du sable de rivière, et le troisième du charbon. On remplace ce dernier tous les huit jours; mais on ne renouvelle les éponges et le sable que deux ou trois fois par an, parce que l'on a ménagé deux robinets opposés dans les compartiments où sont ces matières, et que pour les nettoyer, il suffit d'ouvrir à la fois les robinets pour chasser au dehors les matières légères qui flottaient dans l'eau et qui avaient été retenues mécaniquement.

Beaucoup de matières filtrantes ont été proposées en place des éponges et du sable. M. Sonchon a recommandé la tontisse de laine, c'est-à-dire la laine en filaments ténus qu'on obtient dans la préparation des draps par l'action des chardons sur ces tissus. La bourre de laine, le feutre, l'étoupe, le carton grossier peuvent être employés également avec avantage. A Paris, dans les ménages, l'eau déjà clarifiée par la ville est filtrée dans des fontaines portant, au milieu de leur hauteur, une plaque de grès poreux.

Nous rappellerons, en terminant, que ces matières filtrantes ne font que retenir les principes en suspension dans l'eau qui en altèrent la transparence, mais qu'elles ne désinfectent pas ce liquide; c'est le charbon qui opère cette action et c'est à sa porosité qu'il faut attribuer cette propriété d'absorption si précieuse.

Demandons-nous maintenant la manière d'opérer du charbon dans la décoloration et dans la désinfection. On a cru dans l'origine que le charbon détruisait les substances colorées ou odorantes. Il n'en est rien ; ces matières sont simplement fixées dans les pores du charbon. On le prouve aisément par l'expérience suivante. Agitez une dissolution de tournesol ou de bois de campêche avec du noir animal : elle se décolorera instantanément. Recueillez alors le noir sur un filtre et jetez sur ce charbon de l'eau bouillante, légèrement alcalisée, et vous verrez la liqueur couler du filtre limpide mais colorée; la solution alcaline a chassé la liqueur colorée et par conséquent le principe de la coloration n'avait pas été détruit. Il en est de même pour les gaz, car un charbon qui a condensé dans ses pores un gaz odorant, comme l'ammoniaque, l'hydrogène sulfuré, exhale fortement l'odeur de ces corps et perd assez rapidement son odeur parce que le gaz est chassé par l'air des pores du charbon.

Telles sont les principales propriétés physiques du charbon. Leur importance est grande, mais elle n'est pas plus grande que ses caractères chimiques. Ces caractères peuvent se résumer en un mot : le charbon est *combustible*. Ce mot de combustible nous est connu par l'étude détaillée que nous avons faite de l'hydrogène, il signifie que le charbon s'unit à l'oxygène et à d'autres corps comburants, tels que le soufre, en dégageant de la chaleur et de la lumière. Personne ne peut l'ignorer, car le charbon prend feu lorsqu'on le porte au rouge dans l'air atmosphérique et disparaît en donnant naissance à des gaz invisibles comme l'air dont nous allons maintenant faire l'étude. La chaleur considérable produite dans cette réaction chimique est utilisée sans cesse dans l'industrie pour fondre et combiner les corps, dans l'économie domestique pour cuire nos aliments et échauffer nos demeures.

Le charbon ordinaire ne prend feu qu'à 250° environ, mais si le charbon a été fabriqué à une basse température et s'il est très-poreux, comme les charbons que l'on emploie dans la fabrication de la poudre, il s'enflamme quelquefois à une température beaucoup plus basse et même à la température ordinaire. On cite des incendies spontanés dans plusieurs poudrières de France, et tout porte à penser, avec le colonel Aubert, qu'il faut les attribuer à la condensation de l'air atmosphérique dans les pores de ces charbons. Plusieurs vaisseaux, et notamment un navire français, *le Sylvain*, ont brûlé en pleine mer à la suite de l'inflammation de la houille dans la cale. Ces incendies se déclarent surtout lorsque le charbon est un peu humide et en masses considérables dans lesquelles l'air ne se renouvelle pas d'une manière suffisante.

Sauf ce cas, le carbone est tout à fait inaltérable à la température ordinaire. L'encre des anciens a la composition de notre encre d'imprimerie, c'est du charbon épaissi par un corps gommeux; les caractères des manuscrits enfouis sous les décombres de Pompéï ont résisté de la manière la plus complète aux dix-neuf siècles qui se sont écoulés depuis l'éruption du Vésuve qui a détruit cette ville. Le temple de Diane à Éphèse était établi sur des pilotis carbonisés; on les a retrouvés parfaitement intacts.

Ces faits justifient la pratique qui consiste à passer au feu les poteaux télégraphiques, les pieux et les bois qui servent aux constructions.

La combustibilité des charbons est variable, et nous nous contenterons de résumer ce que nous avons établi lors de l'histoire des diverses variétés. La combustibilité est d'autant plus grande que le charbon est plus léger et qu'il a été moins fortement calciné; la quantité de chaleur dégagée est en raison inverse de cette combustibilité.

Nous savons que dans la combustion du charbon par l'air ou par l'oxygène en excès, le carbone disparaît entièrement, parce qu'il se change en un gaz, nommé l'acide carbonique, dont nous allons faire l'étude détaillée.

Le charbon décompose l'eau vers le rouge, il se forme de l'acide carbonique et des gaz combustibles, l'hydrogène, l'oxyde de carbone, et des carbures d'hydrogène. Ce fait explique une remarque bien connue; l'eau avec laquelle on cherche à éteindre un incendie commence par activer le feu et ce n'est que lorsque les matières embrasées sont refroidies par l'eau et amenées au-dessous du rouge que l'effet utile est produit. Le forgeron justifie cette assertion et la met en pratique sans s'en rendre compte, lorsque pour activer son foyer il l'asperge avec de l'eau.

NEUVIÈME LEÇON.

ACIDE CARBONIQUE. OXYDE DE CARBONE.

Composition relative de ces deux corps. *Acide carbonique.* Sa préparation, histoire de sa découverte, sa densité. Acide carbonique liquide et solide. Liquéfaction des gaz, gaz non liquéfiables. Fabrication de l'eau de Seltz. Appareil Briet. Acidité du gaz carbonique. Son action à doses diverses sur l'économie. Circonstances naturelles dans lesquelles il se forme. Grotte du chien. Moyens d'assainir une localité remplie d'acide carbonique. Notions sommaires sur les eaux minérales carbonatées. Composition de l'acide carbonique. — *Oxyde de carbone.* Sa préparation, ses propriétés. Danger que présente l'oxyde de carbone. Inconvénient des poêles en fonte. Emploi de l'oxyde de carbone. Transformation de l'acide carbonique en oxyde de carbone.

Le principe des charbons, le carbone, s'unit à l'oxygène en deux proportions, pour donner deux composés appelés l'acide carbonique et l'oxyde de carbone. A proportion égale de carbone, le second renferme deux fois moins d'oxygène que le premier. Étudions d'abord l'acide carbonique, et voyons de suite le moyen de le préparer.

La méthode la plus simple d'en obtenir consiste à brûler du charbon dans l'air. L'oxygène atmosphérique s'unit au charbon et se change totalement en acide carbonique, si la couche de charbon est de peu d'épaisseur; dans le cas contraire, il se forme de l'oxyde de carbone en forte proportion. Mais, en supposant même qu'il ne se soit point produit d'oxyde de carbone, le gaz recueilli au-dessus d'un foyer en ignition ne renferme qu'une faible fraction d'acide carbonique, parce qu'il est souillé par l'azote, qui représente les quatre cinquièmes de l'air atmosphérique. Il faut donc recourir à un autre système, et il est des plus simples.

La nature et l'industrie nous offrent divers carbonates, c'est-à-dire des composés que l'on peut envisager comme produits par l'union du gaz carbonique avec une base. Ces sels, traités par un des acides que l'on trouve communément dans le commerce, l'acide sulfurique, l'acide chlorhydrique, l'acide azotique ou l'acide acétique (vinaigre), mettent en liberté de l'acide carbonique, qui se dégage, vu son état gazeux, et qui peut être recueilli dans l'appareil qui nous a servi pour la préparation de l'hydrogène (fig. 54). Dans les laboratoires on a toujours recours au carbonate de chaux, et on emploie à volonté le marbre ou la craie, qui sont des variétés de ce sel. On commence par placer dans le fond du vase des fragments de carbonate, on ajoute une quantité d'eau suffisante pour remplir le flacon aux deux tiers, et on verse peu à peu l'acide par le tube à entonnoir. Seulement, dans le cas où l'on emploie le marbre, substance fort compacte, on ne peut faire usage d'acide sulfurique, parce que cet acide se change en sulfate de chaux (plâtre), qui, étant fort peu soluble, recouvre les fragments d'une sorte de vernis qui préserve le centre du contact de l'acide, et qui par suite arrête l'attaque du car-

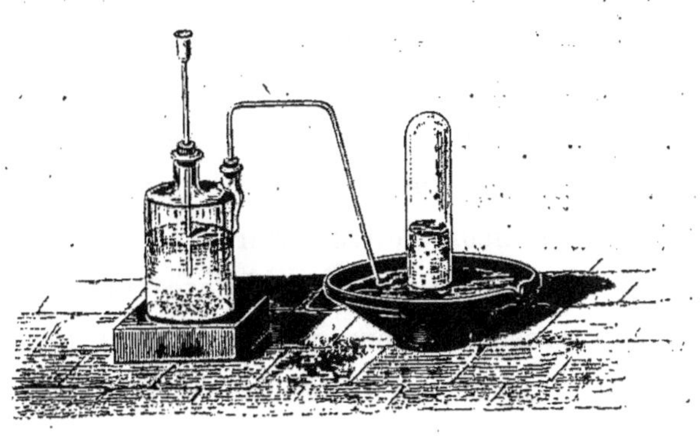

Fig. 54.

bonate par l'acide. On se sert alors d'acide chlorhydrique. Avec la craie, matière très-poreuse, cet inconvénient n'est pas à redouter.

L'acide carbonique s'obtiendrait aussi par la calcination de la craie, du marbre et des autres variétés de carbonate de chaux. Lorsque le chaufournier cuit la pierre à chaux, il produit aussi de l'acide carbonique, qui s'échappe par la cheminée du four, et ce fait est tellement vrai que, dans certaines industries, comme la fabrication de la céruse, qui est du carbonate de plomb, on recueille le gaz des fours à chaux pour le combiner à l'oxyde de plomb et le changer en carbonate de plomb.

Cette production d'un gaz spécial dans la calcination des pierres à chaux a été constatée, il y a plusieurs siècles déjà, par Paracelse et par Van Helmont. Ils ne méconnurent pas la différence de ce gaz avec l'air, car ils lui donnèrent des noms spéciaux, *air crayeux, air sauvage*. Van Helmont vit aussi que ce gaz s'échappait de certaines fissures du sol, et qu'il se produisait dans la fermentation du raisin lors de la production de vin.

Priestley constata l'existence de ce gaz dans l'air et découvrit ses principales propriétés. La hasard, car Priestley attribue toujours ses découvertes au hasard, l'avait fait habiter dans la maison d'un brasseur, et ses fenêtres avaient vue sur les cuves de ce brasseur. Il descendait des flacons pleins d'eau dans la vapeur qui s'échappait des cuves, et il étudiait ainsi le gaz recueilli. Ayant changé de demeure il dut recourir à d'autres moyens, et c'est alors qu'il imagina des appareils pour recueillir les gaz, appareils qui sont le principe de ceux dont on se sert aujourd'hui.

Le gaz carbonique est incolore, il est doué d'une odeur et d'une saveur aigrelette que chacun a pu constater en buvant de l'eau de Seltz. Sa densité est considérable, elle atteint le nombre de 1,529, ce qui veut dire que si un certain volume d'air pèse 1,000, le même volume de gaz carbonique pèsera 1,529, ou encore qu'il pèse une demi-fois plus que l'air environ. Un litre d'acide carbonique pèse à peu près deux grammes. Cette propriété, inverse de celle de l'hydrogène, permet de le transvaser; seulement il faut placer en haut l'éprouvette remplie d'acide carbonique tandis que pour l'hydrogène c'était l'éprouvette pleine d'air que l'on devait mettre à la partie supérieure. Il ne peut rester aucun doute sur le passage du gaz carbonique dans le vase inférieur, car une bougie allumée, placée dans cette éprouvette, s'éteint dès qu'on l'y fait pénétrer.

La figure ci-jointe fait comprendre la manière de faire cette expérience (fig. 55).

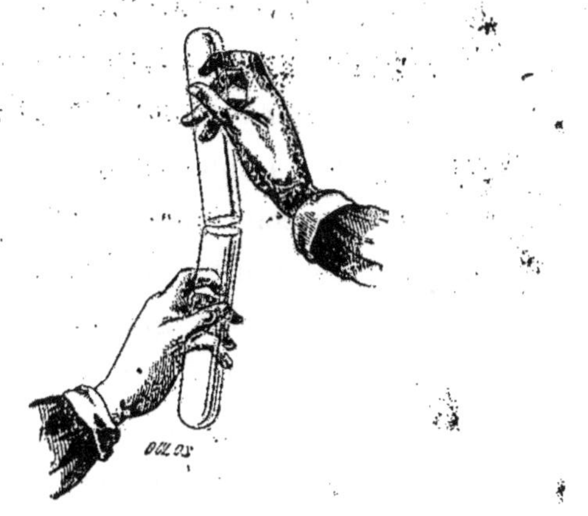

Fig. 55.

On peut encore montrer ce poids considérable du gaz carbonique par une autre expérience très-curieuse. On remplit d'acide carbonique un vase large et aussi haut que possible, puis on retourne celui-ci en appliquant sur son ouverture une plaque de verre.

Si alors on écarte doucement cette lame, et qu'une autre personne fasse des bulles de savon au-dessus du vase, les bulles descendent dans l'air, et arrivent avec une certaine vitesse au niveau de l'acide carbonique ; mais à ce point leur course s'arrête, elles rebondissent et restent dans ces couches. Peu à peu, l'acide carbonique se mêle à l'air et les bulles descendent lentement dans le mélange gazeux. Nous verrons bientôt l'importance de cette grande densité dans certains phénomènes naturels.

Une deuxième propriété physique très-intéressante de ce gaz est sa liquéfaction et sa solidification. Le passage de ce gaz à l'état liquide exige des pressions considérables et variables avec la température. Il faut 36 atmosphères à 0°, 50 à 15° et 73 à 30°.

L'acide carbonique liquéfié forme un liquide incolore, très-mobile et extrêmement dilatable. Dès que l'on ouvre le robinet du vase où il est enfermé, il se réduit en vapeur et une masse de gaz s'échappe en sifflant. Mais ce gaz n'est pas transparent comme l'acide carbonique, il est nuageux et parsemé de flocons. Si on le force à passer, au sortir de l'appareil, dans une boîte en métal très-mince pour qu'elle n'absorbe pas beaucoup de chaleur, ou dans les plis d'une étoffe de drap qui est un corps mauvais conducteur, ces flocons sont retenus. Ils constituent l'acide carbonique solide, matière tout à fait semblable à la neige par son aspect. Cette substance est à une température voisine de 80° au-dessous de 0°. Néanmoins elle s'évapore lentement et refroidit à peine la peau parce qu'elle ne la touche pas, phénomène curieux dont nous avons fait connaître l'explication à propos de l'eau. Mais si on la mouille avec de l'éther, qui est sans action chimique sur l'acide carbonique et incapable de se solidifier, le contact s'établit et une réfrigération extrême se déclare instantanément. Si l'on fait tomber de l'eau sur cette pâte, elle se gèle ; si on la touche avec la main, la peau blanchit en se désorganisant, et l'on éprouve une sensation semblable à celle d'une brûlure ; si l'on verse du mercure dans ce mélange, il se solidifie aussitôt, et il se trouve à une température notablement inférieure à celle de son point de solidification, car on peut le battre, le marteler sans qu'il fonde aussitôt. Ce métal solide présente la mollesse du plomb, il se liquéfie à 40 degrés au-dessous de 0°. La plupart des gaz se liquéfient lorsqu'on les fait arriver lentement dans un tube refroidi par le mélange d'acide carbonique et d'éther. On ne connaît parmi les gaz simples que l'oxygène, l'azote et l'hydrogène, et parmi les gaz composés que le bioxyde d'azote, l'oxyde de carbone et le gaz des marais, qui ne prennent pas l'état liquide dans ces circonstances.

Nous avons dit antérieurement que le protoxyde d'azote se liquéfiait également avec facilité. Il se présente comme l'acide carbonique sous forme d'un liquide incolore, très-mobile et très-dilatable qui bout à 88 degrés au-dessous de 0°. Si l'on place ce liquide sous le récipient de la machine pneumatique et qu'on fasse rapidement le vide, il entre en violente ébullition, et il absorbe dans ce changement d'état assez de chaleur à sa propre substance pour se solidifier. On obtient alors des flocons blancs semblables à ceux d'acide carbonique, mais qui sont encore à une température plus basse, car elle est inférieure à 100 degrés au-dessous de 0°. C'est le froid le plus intense que l'homme sache produire aujourd'hui.

La liquéfaction possible, mais difficile à réaliser de l'acide carbonique nous autorise à supposer, — et l'expérience confirme cette hypothèse, — que ce gaz sera soluble, mais très-faiblement soluble dans l'eau.

Personne n'ignore que l'eau de Seltz artificielle est une simple dissolution d'acide carbonique. Pour fabriquer cette eau de Seltz on opère sous pression afin de dissoudre une plus grande quantité de gaz ; on démontre en effet, en physique, que la quantité de gaz qui se dissout dans un liquide croît avec la pression. Si l'on opère la dissolution sous une pression de 5, 6, 7, 8 atmosphères, la quantité dissoute sera 5, 6, 7, 8 fois plus considérable qu'à la pression ordinaire. Il est clair alors que, lorsqu'on débouchera le vase contenant ce liquide, une énorme quantité de gaz, la presque totalité même, s'échappera, puisque l'acide gazeux n'est entré en dissolution qu'à la faveur de la pression que supportait le gaz au moment de l'opération. Ceci nous explique la projection du bouchon qui ferme une bouteille d'eau de Seltz, de vin mousseux, au moment où l'on coupe les liens qui le retenaient au goulot, et la mousse, le petillement, le dégagement gazeux longtemps prolongé qui se produisent dans le verre où l'on verse ces liquides.

La préparation de l'eau de Seltz en grand s'opère par deux procédés distincts de la même méthode. Généralement on fait rendre directement le gaz dans un réservoir plein d'eau, l'appareil étant clos et pouvant supporter une pression de 6 à 8 atmosphères. Lorsque l'eau est saturée, on supprime la communication entre le générateur et le réservoir, et on adapte un vase en verre fort à un tube qui plonge dans l'eau du réservoir. Dès qu'on ouvre le robinet que porte ce tube, l'eau, comprimée par la pression du gaz, s'élance dans le vase ; on a soin de ménager un orifice de sortie à l'air contenu dans ce dernier. Autrefois on recueillait l'eau de Seltz dans des bouteilles, et on avait imaginé des appareils pour enfoncer le bouchon dès que la bouteille était remplie. Aujourd'hui l'on emploie presque exclusivement des vases en verre, nommés *siphons*, munis de deux tubes, l'un par lequel entre le liquide saturé de gaz et l'autre par lequel l'air s'échappe.

D'autres fabricants commencent par préparer le gaz carbonique et le reçoivent dans un gazomètre. Puis, au moyen d'une pompe aspirante et foulante, ils puisent à la fois ce gaz et de l'eau, et foulent ces deux corps ensemble dans les vases où l'on doit recueillir l'eau de Seltz.

La figure ci-jointe donne une idée de ce dernier procédé (fig. 56).

Le gaz carbonique est produit dans des vases métalliques fermés qui sont au bas et à droite du dessin. Le gaz est lavé, puis il se rend dans le gazomètre que l'on voit dans le bas, à gauche du générateur.

A l'étage supérieur on voit un enfant qui tourne une roue. Cette roue détermine l'aspiration du gaz et celle de l'eau dont on n'aperçoit pas le réservoir. Le gaz, qui est arrivé dans le gazomètre par le tube figuré à droite de cet appareil, est aspiré par le tube de gauche qui traverse le sol de la pièce, et il est foulé, ainsi que l'eau, dans la boule métallique creuse qui surmonte la pompe. Ce vase porte un manomètre muni d'un petit cadran au moyen duquel on apprécie la pression. On aperçoit, en haut et à droite du dessin, l'ouvrier qui a disposé un siphon sur un tube communiquant avec le réservoir et qui ouvre le robinet par lequel arrive l'eau de Seltz.

Les matières employées dans la fabrication de l'eau de Seltz sont l'acide sulfurique et la variété très-commune de carbonate de chaux, qu'on appelle le *blanc d'Espagne* ou de *Meudon*, dont on exploite d'immenses carrières à la porte de Paris.

On prépare souvent l'eau de Seltz au moment du repas dans des appareils de petite dimension. Les matières réagissantes sont le bicarbonate de soude et l'acide tartrique; ces deux substances sont solides, elles jouissent de la

Fig. 53.

propriété de rester au contact sans s'attaquer lorsqu'elles sont à l'abri de l'eau, et, au contraire, de dégager tous les gaz du carbonate lorsque l'eau vient à les mouiller. Parmi les nombreux appareils proposés le meilleur est celui de Briet (fig. 57).

Il se compose de deux carafes ovoïdes en verre fort pouvant se visser l'une sur l'autre ; la plus petite est sup-

Fig. 57.

portée par un pied en porcelaine, l'autre se termine par un plateau de verre, de telle façon qu'on peut faire reposer l'appareil sur l'une ou sur l'autre.

On commence par remplir d'eau la grosse carafe, puis on place dans l'autre 18 grammes d'acide tartrique, par litre, et 21 de bicarbonate de soude [1].

On ferme le petit vase avec une tige creuse en étain qui plonge de 2 à 3 centimètres dans ce vase et qui porte dans cette partie des trous capillaires pouvant donner issue au

1. On trouve dans le commerce des paquets tout pesés de ces deux matières.

gaz, mais ne permettant pas, en raison de leur petitesse, à l'eau de traverser. L'autre partie de la tige est ouverte à son extrémité, et elle est un peu moins longue que la hauteur de la grande carafe.

Celle-ci étant appuyée sur une table, on y fait pénétrer le tube fixé à l'autre carafe, on visse l'appareil, et on le retourne de façon à mettre le petit vase en bas. Un peu d'eau tombe alors dans le vase inférieur par l'ouverture libre du tube en étain, et il en résulte un vif dégagement de gaz carbonique qui, passant par les ouvertures capillaires, se rend dans le vase supérieur et y exerce une forte pression en vertu de laquelle une notable quantité d'acide carbonique se dissout. C'est en raison de cette pression que l'appareil doit être en verre fort, et que l'on a l'habitude de l'entourer d'un réseau de fer ou d'osier afin d'arrêter les projections du verre s'il venait à se briser.

Un robinet, ménagé à la partie inférieure de la grande carafe, permet de verser l'eau de Seltz. Lorsque ce liquide est épuisé, on dévisse l'appareil et on enlève le produit formé par la réaction du bicarbonate de soude sur l'acide tartrique, qui est du tartrate de soude. On voit que ce sel ne se mélange pas à l'eau : c'est une disposition essentielle, car ce tartrate constitue une matière purgative, et c'est pourquoi l'on ne doit pas conseiller d'imiter une pratique assez commune de préparer l'eau de Seltz simplement dans une bouteille.

L'acide carbonique n'est pas décomposé par la chaleur seule, mais il est réduit à une température convenablement élevée, par l'action des agents réducteurs, le potassium, le charbon, l'hydrogène. Avec le potassium, on obtient le carbone lui-même, avec l'hydrogène et le charbon, il se produit de l'oxyde de carbone.

Le gaz carbonique est acide, mais son acidité est faible. Il communique au tournesol la teinte rouge de vin, et il ne sature qu'imparfaitement les bases, car les carbonates solubles sont tous alcalins au tournesol.

L'acide carbonique partage avec l'azote la propriété d'éteindre les corps en combustion, mais il s'en différencie très-simplement par l'action de l'eau de chaux. Si l'on place une bougie dans le fond d'une haute éprouvette et qu'on incline sur ce vase un flacon même assez petit de gaz carbonique, la lumière s'éteint aussitôt (fig. 58). Nous avons

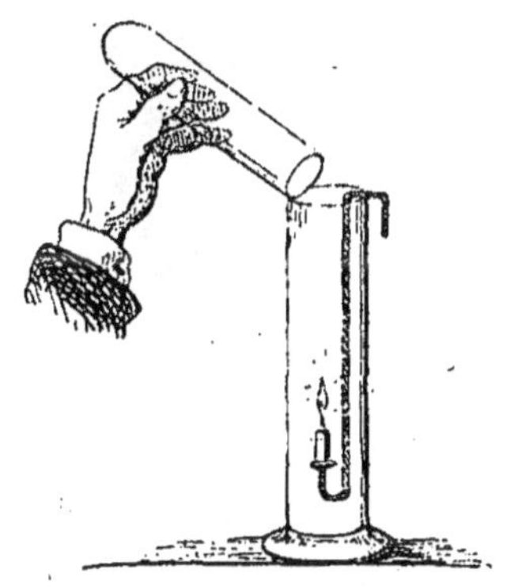

Fig. 58.

vu maintes fois que l'eau de chaux fournit avec l'acide carbonique un trouble et un dépôt de carbonate de chaux.

Les analogies de la combustion et de la respiration nous sont connues; dès lors, nous devons prévoir que le gaz carbonique n'entretiendra pas plus la vie qu'il n'entretient le feu. Le fait est parfaitement vrai, et une expérience bien simple le prouve d'une façon non douteuse (fig. 59).

Vous voyez vers le fond d'un vase en verre une plate-forme sur laquelle est un oiseau. On peut faire arriver dans

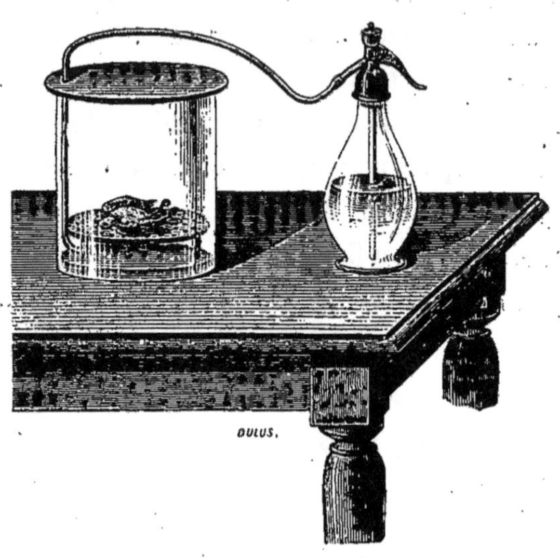

Fig. 59

le fond de ce flacon de l'eau de Seltz par un tube latéral. Dès que ce liquide y pénètre, la gaz carbonique se répand dans l'air, et le petit animal donne des signes manifestes d'un malaise qui se termine par la mort au bout de quelque temps, si on ne le retire pas. Ce temps est assez long, parce que l'acide carbonique n'est pas un poison. Seulement il faut de l'oxygène pour que la respiration et la combustion puissent se réaliser; or le gaz carbonique séquestre l'animal et la bougie du contact de cet agent, et, par conséquent, il amène la mort et l'extinction du feu.

D'ailleurs, s'il était besoin de démontrer que le gaz carbonique n'est pas un agent vénéneux, il suffirait de rappeler qu'il se forme en abondance dans le corps des animaux, puisque c'est un des produits qui résultent de l'action des aliments sur l'oxygène de l'air, et que l'homme en mêle à sa nourriture lorsqu'il boit des vins mousseux et de l'eau de Seltz.

Il ne faut pas conclure de là que cet acide est sans action sur l'économie; bien au contraire, et nous allons étudier cette action, en même temps que les circonstances naturelles dans lesquelles on rencontre ce corps.

L'acide carbonique exhalé par les phenomènes de la respiration et de la combustion, par la décomposition des matières organiques après la cessation de la vie, se répand dans l'atmosphère, puis il passe dans les cours d'eau et dans le sol, entraîné par la pluie. Là, il pénètre dans les végétaux par les racines, ou bien il forme des sels tels que le carbonate de chaux dont il existe des bancs énormes à divers états, le marbre, la craie, la pierre à chaux, la pierre à bâtir, etc. Par conséquent, l'acide carbonique existe dans l'air, dans l'eau, dans le sol, dans les plantes et dans les animaux. Il se trouve aussi dans les couches profondes de la terre, car il s'en échappe par les volcans et par certaines fissures du sol, des quantités supérieures à celles qui sont produites par les causes que nous venons d'énumérer.

Dans les pays d'origine volcanique, dans les terrains calcaires, ce gaz se dégage fréquemment des mines, des carrières, des puits et même des caves. Il s'y accumule en proportions assez fortes pour rendre ces localités inhabitables, et il s'y conserve par suite de son poids considérable. Ces dégagements souterrains paraissent augmenter à l'époque des tempêtes, au moment des orages.

Nombre de récits du moyen âge parlent d'esprits malins, de gnomes qui éteignent la lampe des mineurs et des personnes qui pénètrent dans les souterrains. Ces effets étaient simplement produits par le gaz carbonique dégagé du sol.

Les accidents survenus dans les puits, que l'on signale de temps à autre, sont dus à ce gaz. On les attribuait également autrefois à des causes surnaturelles, ou à l'empoisonnement de l'eau par les ennemis dans les temps de guerre, par les Juifs lors des persécutions, par les protestants ou par les catholiques, suivant le camp où l'on se trouvait, à l'époque des guerres de religion.

Certaines caves de Montrouge sont souvent remplies de gaz carbonique et deviennent encore le théâtre d'accidents, ou même d'asphyxie, quoique l'on soit prévenu du danger que l'on court à y pénétrer sans se faire précéder d'un corps en combustion qui annonce, en s'éteignant, la présence du gaz dangereux. Tout le monde a entendu parler de la grotte du chien, près de Pouzzoles. Voici la relation qu'en fait le docteur James : « La grotte du chien est située à Pozzuolo, sur le penchant d'une petite montagne extrêmement fertile, en face et à peu de distance du lac d'Agnano. L'entrée en est fermée par une porte dont un gardien a la clef. La grotte a l'apparence et la forme d'un petit cabanon, dont les parois et la voûte seraient grossièrement taillées dans le rocher. La largeur est d'environ un mètre, sa profondeur de trois mètres, sa hauteur d'un mètre et demi. Il serait difficile de juger, par son aspect, si elle est l'œuvre de l'homme ou de la nature. L'aire de la grotte est terreuse, noire, humide, brûlante. De petites bulles sourdent dans quelques points de sa surface, crèvent et laissent échapper un fluide aériforme qui se réunit en un nuage blanchâtre au-dessus du sol. Ce nuage est formé de gaz acide carbonique que colore un peu de vapeur d'eau. La couche de gaz a une hauteur de vingt à soixante centimètres. Elle représente un plan incliné dont la grande hauteur correspond à la partie la plus profonde de la grotte. C'est là une conséquence toute physique de la disposition du sol. L'aire de la grotte étant à peu près au même niveau que l'ouverture, le gaz trouve une issue dehors par le seuil de la porte, et coule comme un ruisseau le long du sentier de la montagne. On peut suivre le courant à une assez grande distance. Une bougie qu'on y plonge s'éteint à plus de deux mètres de la grotte. »

« Voici l'expérience que le gardien montre aux visiteurs. Il a un chien dont il lie les pattes pour l'empêcher de fuir, et qu'il dépose ensuite au milieu de la grotte. L'animal manifeste une vive anxiété, se débat, et paraît bientôt expirant. Son maître, alors, l'emporte hors de la grotte et l'expose au grand air, en le débarrassant de ses liens. Peu à peu l'animal revient à la vie ; puis tout à coup il se lève et se sauve rapidement comme s'il redoutait une seconde épreuve. Voilà plus de trois ans que le chien que j'ai vu fait le service, et qu'il est ainsi, chaque jour, asphyxié et désasphyxié plusieurs fois. Sa santé générale est excellente, et il paraît se trouver à merveille de ce régime. Ce chien a un instinct bien remarquable ; du plus loin qu'il aperçoit un étranger, il devient triste, hargneux, aboie sourdement, et est disposé à mordre. Il faut que son maître le tienne en laisse pour le conduire à la grotte, et encore se fait-il traîner en baissant la queue et les oreilles. Quand, au contraire, l'expérience finie, l'étranger s'en retourne, il l'accompagne avec tous les témoignages de la joie la plus vive et la plus expansive. »

Nous avons dans notre pays des sources naturelles d'acide carbonique dont l'effet est plus surprenant encore parce qu'il s'exerce en pleine campagne. La plus curieuse est auprès d'Aigueperse, où on la désigne sous le nom de *fontaine empoisonnée*. C'est une sorte de mare placée dans le fond d'une légère excavation naturelle; il s'échappe de cette eau boueuse des bulles de gaz carbonique formant une nappe invisible du gaz asphyxiant qui se déverse ensuite dans la campagne par les rebords de la cavité. Le mélange de l'acide carbonique avec l'air produit en ces points une très-belle végétation qui attire les petits animaux; ils meurent asphyxiés et leur cadavre attire les oiseaux qui subissent le même sort. Les habitants voisins font quelquefois, sans dépense, de bonnes chasses en retirant de loin avec des crochets le gibier qui a été tué dans ce piége naturel.

Maintenant que nous connaissons le danger que présentent les localités dans lesquelles s'accumule le gaz carbonique, voyons comment on les assainit. Nous savons que l'on ne doit pénétrer dans les endroits où ce gaz apparaît de temps à autre qu'en se faisant précéder d'une bougie, et qu'il ne faut pas s'avancer si elle s'éteint; on doit reculer même dans le cas où la flamme devient grêle, et s'allonge en pâlissant. Lorsque la présence du gaz méphitique est constatée, on renouvelle l'air, soit en allumant à l'entrée un fourneau dont le cendrier se termine par un tube pénétrant dans la cavité malfaisante, soit en enlevant l'air au moyen d'un ventilateur dont le tube d'aspiration plonge dans la localité dangereuse, soit enfin, en y jetant des matières susceptibles d'absorber le gaz carbonique. Ces matières sont la potasse, la soude caustique, l'ammoniaque qui, en raison de sa volatilité, se répand dans l'atmosphère à purifier, ou enfin la chaux délayée dans l'eau et réduite en bouillie claire avec ce liquide. Tous ces corps sont des bases qui absorbent le gaz carbonique en formant avec lui des carbonates.

D'anciennes expériences de Seguin avaient établi que l'air contenant un cinquième d'acide carbonique était irrespirable. Récemment, M. Leblanc a constaté que les chiens donnent des signes de malaise dans une atmosphère renfermant 5 pour 100 de gaz carbonique et qu'ils sont très-indisposés lorsque la proportion atteint 10 pour 100.

Au-dessous de ces doses l'acide carbonique n'est pas sans effet sur l'économie. M. Boussingault raconte qu'ayant pénétré un jour dans une mine de la Nouvelle-Grenade, il éprouva une sensation de chaleur et une suffocation telle qu'il crut que l'atmosphère était de 40° environ, et cependant le thermomètre n'indiquait que 10°,5. Cette sensation de chaleur est accompagnée d'un picotement à la peau, d'une sueur abondante et d'une excitation générale, mais un effet inverse ne tarde pas à se produire si l'action est prolongée, et il survient une période d'insensibilité suivie de paralysie qui précède la mort.

La médecine a tiré parti de cette stimulation produite

par le gaz carbonique pour le traitement des douleurs rhumatismales, et dans les établissements thermaux où l'eau est chargée d'acide carbonique, on administre ce gaz en bains et en douches.

L'acide carbonique existe dans l'eau de pluie et dans les eaux douces, mais sa proportion est toujours relativement assez faible. Il n'en est pas de même dans certaines eaux qui font effervescence en arrivant à la surface du sol et qui sont douées d'une saveur aigrelette. On donne le nom d'eaux *gazeuses ou acidules* aux sources de cette nature qui sont peu chargées de principes salins et dont l'efficacité est due au gaz carbonique ; l'eau naturelle de Seltz, l'eau de Soultzmatt (dans le Haut-Rhin) sont de cette nature.

Certaines eaux chargées d'acide carbonique contiennent d'autres principes médicamenteux qui constituent l'élément actif de ces eaux. Ainsi, les eaux de Marienbad et de Carlsbad en Bohême renferment, outre une forte proportion d'acide carbonique, de grandes quantités de sulfate de soude. La dernière de ces eaux, surtout, jouit, depuis de longues années, d'une grande réputation, et on l'appelait autrefois la *reine des eaux minérales.* En outre, ces sources sont thermales; l'eau de Carlsbad s'échappe du sol à une température de 70 à 72 degrés.

Beaucoup d'eaux chlorurées, bromurées ou iodurées sont chargées d'acide carbonique. La source de Kissingen (Bavière), qui est en grande réputation, est dans ce cas.

L'eau naturelle de Sedlitz, dont le principe actif et amer est le sulfate de magnésie, est fortement acidulée par l'acide carbonique.

Les meilleures eaux ferrugineuses contiennent le fer à l'état de carbonate. Ce carbonate est par lui-même insoluble dans l'eau, il ne se dissout qu'à la faveur de l'acide carbonique qui sature ces eaux, car celles-ci, abandonnées à l'air, perdent ce gaz et déposent peu à peu le carbonate. Ce dépôt est toujours arsenical, et ce fait porte à supposer que l'arsenic est le principe actif de ces eaux. Nombre de ces sources sont fréquentées aujourd'hui; citons entre autres les eaux de Spa en Belgique, de Schwalbach dans le Nassau, d'Orezza en Corse, et la source des Célestins à Vichy.

Les eaux de Vichy, si justement célèbres dans le monde entier, renferment aussi des quantités très-considérables de gaz carbonique. Cet acide n'est pas l'élément actif de ces sources, ce sont les bicarbonates de soude, de potasse, de chaux, de magnésie; mais ces deux derniers sels sont insolubles dans l'eau et ne se dissolvent que dans le gaz carbonique. De tous ces sels le plus abondant de beaucoup est le bicarbonate de soude, dont il existe 4 à 5^{gr},5 par litre, suivant les sources. La source de l'Hôpital est à la température de 31°.

Nous ne reviendrons pas sur le rôle capital que l'acide carbonique joue dans la nature; nous avons insisté, au commencement de l'histoire du carbone, sur sa production dans le corps des animaux, sur sa décomposition dans les végétaux, et sur cet équilibre qui se maintient grâce à lui entre tous les êtres et qui assure la propagation de leurs espèces à la surface de la terre. Terminons l'examen de ce gaz important en disant que le carbone et l'oxygène sont condensés dans l'acide carbonique, car ce gaz renferme un volume d'oxygène qui est précisément égal au sien.

En effet, si l'on remplit d'oxygène pur un ballon dans lequel arrivent presque au contact deux pointes de charbon conducteur et qu'on fasse passer des étincelles électriques entre ces charbons en les mettant en communication avec une pile, on observe, après l'expérience, en ouvrant

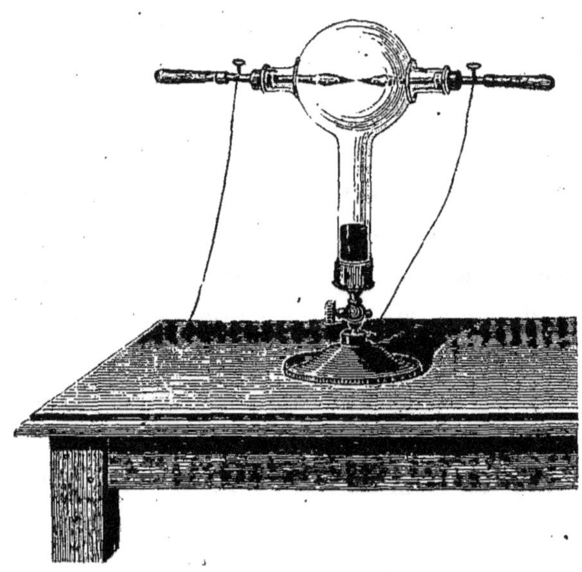

Fig. 60.

le robinet qui est à la partie inférieure du ballon, qu'il ne s'échappe pas de gaz et qu'il n'entre pas de mercure. (fig. 60).

OXYDE DE CARBONE.

Le carbone forme avec l'oxygène un deuxième composé que nous avons nommé l'oxyde de carbone. Nous savons qu'il renferme une quantité d'oxygène moitié moindre que l'acide carbonique et qu'il se produit toutes les fois que du charbon brûlant se trouve en grand excès par rapport à l'oxygène ou à l'air. Chacun a vu des flammèches bleues brûler au-dessus d'un grand feu de bois : elles sont dues à la combustion de l'oxyde de carbone. Il serait difficile de recueillir le gaz produit dans ces circonstances ; il est d'ailleurs mêlé à beaucoup d'acide carbonique et d'azote. Divers moyens permettent de le préparer. Celui qui est le plus ordinairement employé consiste à chauffer l'acide qui donne à l'oseille sa saveur aigre, avec un corps avide d'eau, comme l'acide sulfurique. Cet acide est un agent vénéneux, nommé l'acide oxalique ; on le mélange avec 6 à 8 fois son poids d'acide sulfurique concentré et on chauffe le tout doucement après avoir relié au ballon un flacon laveur renfermant une dissolution de potasse ou de soude et adapté à ce flacon un tube qui amène le gaz sur une cuve à eau (fig. 61).

Pour comprendre la théorie de la réaction il suffit de savoir que l'acide oxalique peut être considéré comme formé par l'union de l'oxyde de carbone, de l'acide carbonique et de l'eau, et que cet acide ne peut subsister qu'à la condition de renfermer cette eau. Si on le traite par un corps très-avide d'eau, celle-ci se fixera sur cette substance,

Fig. 61.

et l'acide oxalique se dédoublera en oxyde de carbone et en acide carbonique. Or il est clair que le mélange de ces deux gaz, en passant dans l'alcali caustique y laissera l'acide carbonique et, par suite, qu'au sortir du flacon laveur l'oxyde de carbone sera pur.

L'oxyde de carbone a les apparences de l'air, il est sans couleur, sans odeur ni saveur, il n'a pas été liquéfié. Il est dénué de réaction acide et tout à fait neutre, et c'est une première propriété qui le distingue du gaz carbonique. En voici deux autres : il est combustible, et brûle avec une flamme bleue caractéristique (fig. 62). Il ne

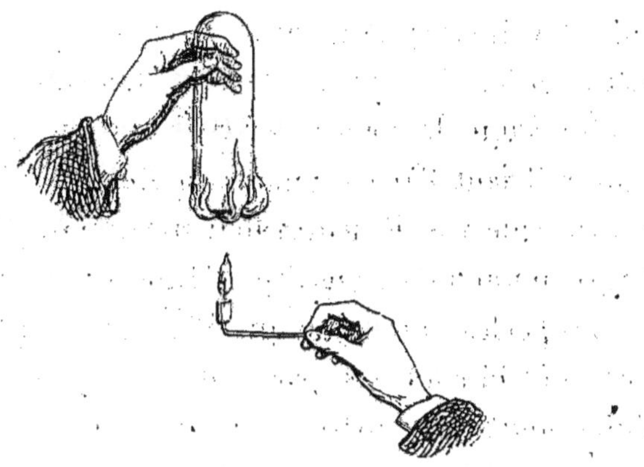

Fig. 62.

trouble pas l'eau de chaux, mais dans sa combustion il fournit de l'acide carbonique, car si l'on met le feu à une éprouvette remplie d'oxyde de carbone et que l'on verse de l'eau de chaux dans le vase, le liquide se trouble abondamment; ce qui indique une formation de carbonate de chaux.

L'invisibilité et l'absence d'odeur de l'oxyde de carbone ne permettent pas de constater par les sens sa présence dans l'air, et le fait n'est pas sans importance parce que ce gaz est doué de propriétés vénéneuses caractérisées. On doit à M. Félix Leblanc un travail important sur ce sujet; il a établi que de l'air contenant 2 à 3 pour 100 d'oxyde de carbone était aussi dangereux au moins que de l'air renfermant 25 à 30 pour 100 d'acide carbonique, et que 1 pour 100 suffit pour tuer un oiseau.

C'est ce gaz qui agit surtout dans les empoisonnements

par la braise, et c'est lui qui cause principalement les étourdissements, les migraines, les nausées que l'on ressent dans les pièces où brûle un grand feu et dans lesquelles le tirage se fait mal.

Cette action vénéneuse de l'oxyde de carbone est la propriété sur laquelle nous appellerons surtout votre attention parce qu'il faut l'avoir toujours présente à l'esprit. Vous prohiberez de vos demeures tout appareil de chauffage qui n'est pas muni d'un tirage spécial, ou suffisant, et notamment les poêles sans tuyau que l'on a vu depuis quelques années s'établir à Paris, parce que ces foyers portatifs ou mobiles sont d'une extrême commodité dans les pièces exiguës du nouveau Paris. Ce pernicieux usage est une copie malheureuse des *braseros* usités dans les pays chauds, en Espagne, en Italie, où ils sont beaucoup moins dangereux que chez nous parce que les pièces sont le plus souvent ouvertes ou tout au moins très-mal closes. Vous ne fermerez jamais totalement le tuyau des poêles, parce que c'est exactement comme si le tuyau n'existait pas; les produits de la combustion ne trouvant plus d'issue dans le tuyau s'échappent par les interstices des portes du foyer et du cendrier. Pour frapper vos esprits retenez qu'un kilogramme de braise suffit pour rendre irrespirable un appartement dont la capacité est de 25 mètres cubes, et que de tous les combustibles employés vulgairement, c'est la braise qui fournit la proportion la plus forte d'oxyde de carbone; ce qui tient à ce qu'elle brûle avec plus de rapidité que tous les autres charbons parce qu'elle a été refroidie à l'abri de l'air.

Il y a quelques mois le docteur Carret de Chambéry a

présenté à l'Académie des sciences de Paris un travail dans lequel il annonce que les poêles en fonte, si communs dans les salles de réunion, les asiles, les colléges, les pensions, etc., laissent passer les gaz produits à l'intérieur à travers les pores du métal, et par suite que ces appareils de chauffage sont dangereux. Le fait n'a rien d'invraisemblable, car M. H. Sainte-Claire-Deville a démontré que les métaux, que la fonte sont perméables aux gaz; néanmoins, comme la question est encore controversée et qu'elle est à l'étude en ce moment, nous n'insisterons pas davantage sur ce point.

On commence à utiliser dans l'industrie la chaleur considérable produite par la combustion de l'oxyde de carbone pour chauffer les pots de verrerie, les cornues à gaz, et un grand avenir est réservé aux fourneaux à oxyde de carbone parce que la chaleur dégagée est extrême, et que les vases et les foyers ne s'encrassent pas au contact des scories et des cendres. On doit à M. Siemens un appareil de ce genre aussi simple qu'économique.

L'oxyde de carbone joue un grand rôle dans la métallurgie; c'est lui qui, dans les hauts fourneaux où l'on fabrique la fonte, sépare le fer de l'oxygène auquel il est combiné dans le minerai, c'est lui qui, en un mot, réduit le métal.

La production de l'oxyde de carbone dans les hauts fourneaux s'explique sans difficulté. Ces appareils contiennent des masses considérables de charbon qu'on brûle en lançant de l'air à la partie inférieure. Il se forme en ce point de l'acide carbonique, mais ce gaz, rencontrant un excès de charbon dans les couches plus élevées, se transforme en oxyde de carbone qui décompose le minerai de fer (fig. 63).

Pour démontrer la réalité du changement de l'acide carbonique en oxyde de carbone sous l'influence du char-

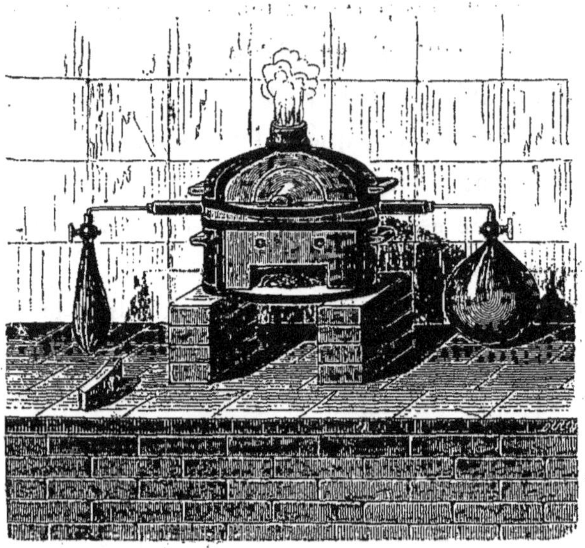

Fig. 63.

bon, il n'y a qu'à remplir un tube de braise et à faire passer sur ce charbon porté au rouge un courant de gaz carbonique. Le moyen le plus simple de faire cette opération consiste à placer l'acide dans une vessie fixée à une extrémité du tube et à disposer une vessie vide de l'autre côté. En pressant la vessie on force le gaz à traverser le charbon et à se rendre dans l'autre. Lorsqu'on a répété 4 ou 5 fois ce passage tout l'acide carbonique est remplacé par l'oxyde de carbone et les deux vessies sont pleines : ce qui montre en outre que l'acide carbonique double de volume lorsqu'il est transformé en oxyde de carbone par le charbon.

DIXIÈME LEÇON.

CARBURES D'HYDROGÈNE. GAZ DE L'ÉCLAIRAGE.

Proto carbure ou gaz des marais, sa préparation, ses propriétés. Sa combustion. Substitutions, nature du chloroforme. Circonstances naturelles de production du proto-carbure d'hydrogène. Feu grisou, son danger, expériences de Davy, lampes de sûreté. — *Bicarbure d'hydrogène*, préparation et propriétés. Sa combustion. — *Gaz de l'éclairage*. Fabrication du gaz de l'éclairage, son épuration. Importance de cette fabrication à Paris.

Nous avons vu diverses circonstances ans lesquelles se produisent des carbures d'hydrogène, et notamment, lorsque l'on prépare l'hydrogène avec des zincs carburés, et quand le charbon réagit sur l'eau. La nature nous offre un nombre extrêmement considérable de ces corps; ils affectent les états les plus divers : on en trouve de solides, de liquides et de gazeux. La gutta-percha, le caoutchouc, les essences d'orange, de térébenthine, le pétrole, le gaz de l'éclairage sont des carbures d'hydrogène.

Nous réserverons pour l'histoire de la chimie organique l'étude générale de ces composés, et nous nous bornerons à examiner ici le gaz de l'éclairage et les carbures gazeux dont il est formé. L'un d'eux est le moins carburé de tous : on le nomme protocarbure d'hydrogène. Le second est appelé le bicarbure d'hydrogène parce qu'il renferme deux fois plus de carbone que le précédent.

PROTOCARBURE D'HYDROGÈNE.

Lorsque l'on agite avec un bâton la vase des marais, il s'échappe des bulles gazeuses que l'on peut recueillir en retournant sous l'eau un flacon plein d'eau dans le

Fig. 64.

goulot duquel on a fixé un entonnoir (fig. 64). Ce gaz est loin d'être simple : on y a trouvé de l'acide carbonique, de l'azote, de l'hydrogène sulfuré et le gaz dont nous parlons ici, que l'on désigne souvent, en raison de cette origine, sous le nom de *gaz des marais*.

Ce gaz se produit dans une foule d'autres circonstances naturelles ; mais, avant de les examiner avec détail, donnons une idée de sa préparation et de ses propriétés.

Pour le préparer, les chimistes chauffent dans une cornue de verre un mélange d'acétate de soude et de baryte ; il se forme des carbonates de soude et de baryte qui restent dans la cornue, et il se dégage du protocarbure d'hydrogène pur (fig. 65).

Ce gaz est incolore, sans odeur ni saveur ; il ne possède aucune action sur le tournesol, et par suite il doit être rangé parmi les corps neutres, il n'a pas été liquéfié.

Fig. 65.

La nature de ses éléments doit nous faire pressentir qu'il sera susceptible de brûler en présence de l'oxygène ou de l'air ; en effet, il renferme les deux corps combustibles par excellence, le carbone et l'hydrogène. Approche-t-on un corps enflammé d'une éprouvette pleine de ce gaz, il prend feu et brûle complétement. La flamme produite éclaire faiblement; c'est encore un résultat auquel nous devions nous attendre, car nous avons établi, lorsqu'il s'est agi de la combustion, que l'éclat des flammes est tout à fait indépendant de la chaleur dégagée, et qu'il tient seulement à la présence des corps solides incandescents dans la flamme. Or, un volume de protocarbure d'hydrogène renferme un demi-volume de vapeur de carbone et deux volumes d'hydrogène: par conséquent, ce n'est pas le corps solide, le carbone qui prédomine dans ce gaz, c'est l'hydrogène, c'est-à-dire l'élément gazeux.

Vous n'hésiteriez pas davantage si l'on vous demandait quels sont les résultats de cette combustion. Puisque le carbone fournit de l'acide carbonique, que l'hydrogène donne de l'eau, il est clair que l'acide carbonique et l'eau sont les produits de cette combustion. On le démontre sans difficulté en brûlant du protocarbure d'hydrogène recueilli sur le mercure et parfaitement sec. Lorsque le gaz brûle on voit l'eau se condenser sur les parois intérieures de la cloche et ruisseler sur les bords; si l'on verse de l'eau de chaux dans ce vase, elle se trouble abondamment par la formation du carbonate de chaux.

Quand on enferme dans un flacon à goulot étroit un volume de ce gaz et deux volumes d'oxygène, et que l'on y met le feu, une violente détonation se fait entendre; si le flacon était du volume d'un demi-litre il volerait en éclats. Pour éviter tout danger, on entoure ce vase d'un linge mouillé, replié plusieurs fois sur lui-même.

Il est une autre propriété de ce gaz sur laquelle nous

désirons arrêter quelques instants votre attention, parce qu'elle vérifie une des théories les plus importantes de la science, la théorie des substitutions, que l'on doit à M. Dumas, et dont nous avons fait connaître le principe lorsque nous avons étudié l'ammoniaque.

Le chlore n'attaque pas le gaz des marais dans l'obscurité, mais il réagit sur lui sous l'influence de la lumière solaire. L'hydrogène du composé carburé s'unit peu à peu au chlore pour former de l'acide chlorhydrique. En outre une certaine quantité de chlore prend la place de l'hydrogène dans la molécule du carbure et s'y substitue équivalent à équivalent; de telle sorte que si l'on prolonge l'action pendant un temps suffisant, tout l'hydrogène disparaît et se trouve remplacé par du chlore. On peut arrêter l'attaque de l'hydrocarbure avant qu'elle soit complète et l'on obtient alors des produits de substitution intermédiaires où le chlore a remplacé partiellement l'hydrogène. L'un de ces composés est une substance importante aujourd'hui, nommée le chloroforme, que l'on peut considérer comme du protocarbure d'hydrogène dans lequel les trois quarts de l'hydrogène ont été remplacés par du chlore.

Pline parle de feux qui brûlaient de temps immémorial sur le mont Chimère, dans l'Asie Mineure. Personne n'ignore que certaines sectes, en Perse et dans l'Inde, adorent le feu; ce sont les Guèbres. Un de leurs temples les plus célèbres est établi à Bakou, sur les bords de la mer Caspienne, près de sources enflammées qui sont connues depuis les temps les plus anciens. Elles brûlent naturellement et ne s'éteignent que dans les violents orages. Les prêtres les entretiennent avec soin et font un commerce lucratif du gaz qui produit cette flamme. De pareils dégagements sont connus en Chine de temps immémorial, et ce peuple industrieux en tire parti pour l'éclairage et le chauffage. Ces gaz sortent de puits d'eau salée; on les capte et on les fait circuler au loin dans des tuyaux de bambous à l'extrémité desquels on les enflamme.

De pareils dégagements ont été signalés à Java, dans l'Indoustan. Il en existe aux environs de Bologne, de Florence et de Modène et dans plusieurs contrées des États-Unis d'Amérique, où on les utilise pour l'éclairage et pour le chauffage. Dans l'État de New-York, le gaz s'échappe en bulles nombreuses de certaines eaux. Si on y met le feu, la flamme petille, court à la surface, s'éteint en un point, se rallume au point voisin et forme sur l'eau, surtout pendant la nuit, un spectacle pittoresque et même effrayant lorsqu'on n'en a pas été prévenu d'avance. Au moment où l'eau se gèle, le gaz s'échappe par de petites ouvertures qui s'entourent d'un bourrelet sur lequel se forme un tube de glace long quelquefois de plusieurs décimètres; il brûle à l'extrémité de ces sortes de cierges, et produit un éclairage des plus singuliers.

Quelquefois le gaz inflammable s'échappe du milieu de boues et de mares épaisses qu'il soulève avec difficulté en produisant un bruit assez fort. Ces dégagements sont connus sous le nom de *salzes* ou de *volcans boueux;* on en trouve dans l'Inde, dans la Perse, en Italie et notamment auprès d'Agrigente.

Ce gaz inflammable n'est pas un produit unique; il est formé de protocarbure d'hydrogène, d'acide carbonique et de vapeurs d'un liquide complexe, nommé le pétrole, qui se trouve dans le sol des mêmes contrées, à des profondeurs variables, et qu'on exploite avec succès aujourd'hui.

Enfin, ce gaz se dégage des puits et des galeries de certaines houillères, soit d'une façon continue, soit d'une manière intermittente, et il y occasionne des explosions qui amènent, chaque année, la mort d'un grand nombre d'ouvriers. Ce gaz, désigné par les mineurs sous le nom de *grisou*, se montre surtout dans les mines de houille grasse. Il est renfermé dans l'épaisseur du charbon de terre, comme on peut s'en assurer en broyant rapidement sous l'eau des pains de houille que l'on vient de retirer de la mine, et il se répand dans les galeries par les fissures ou les crevasses qui sont dans l'intérieur du charbon.

Les propriétés explosives de l'hydrogène protocarboné que nous avons signalées plus haut expliquent assez le danger qui accompagne l'invasion des houillères par ce gaz. Il se combine à l'oxygène de l'air en présence de la flamme des lampes des mineurs, et il en résulte une détonation formidable, parce que la combustion se communique de proche en proche dans toutes les galeries. Les quartiers de rochers se détachent, les galeries s'effondrent et les malheureux ouvriers sont projetés contre les murailles et enfouis, morts ou à demi brûlés, sous les décombres. Si, par hasard, ils échappent à l'explosion, ils restent exposés à un péril tout aussi grand. L'oxygène de l'air a disparu en grande partie, car il a brûlé le carbone et l'hydrogène du gaz inflammable, et il se trouve remplacé par de l'acide carbonique, de sorte que l'atmosphère de la houillère est un mélange de deux gaz asphyxiants, l'acide carbonique et l'azote.

N'y a-t-il pas de remède à cet affreux état de choses? Devons-nous souffrir que des êtres semblables à nous aillent s'exposer à une mort certaine pour aller retirer la houille de l'intérieur de la terre? Assurément non; et quoique les arts ne puissent guère se passer de ce charbon qu'on a justement appelé le pain de l'industrie, il faudrait mieux les voir s'arrêter dans leur développement que de les payer au prix de tels sacrifices.

La science a trouvé le remède, et si l'on a tant d'explosions à enregistrer, c'est, il faut bien le dire, soit par des circonstances accidentelles, soit par l'imprudence des mineurs eux-mêmes. En 1814, des explosions violentes et réitérées avaient forcé à fermer quelques-unes des plus grandes houillères de l'Angleterre. Les propriétaires se réunirent alors pour consulter Davy le physicien qui était à la tête de la science de cette époque. Il fit un grand nombre d'essais, et il eut la gloire de résoudre la question de l'éclairage des mines sans danger d'explosion.

Lorsque l'on approche un corps enflammé d'un flacon rempli de mélange explosif, terminé par un tube en verre, le gaz s'enflamme à l'orifice du tube, et le feu prend dans l'intérieur du flacon qui éclate en peu d'instants.

Si le tube est en métal au lieu d'être en verre, c'est-à-dire s'il est formé d'une matière conductrice, la flamme est refroidie par le métal, et comme le gaz ne peut brûler en présence de l'oxygène qu'à la température rouge, le refroissement est bientôt tel, que la flamme s'éteint dans le tube avant d'avoir rétrogradé jusqu'au flacon.

Davy eut alors l'idée d'entourer une lampe ordinaire d'une toile métallique, et il eut la satisfaction, en la plaçant au milieu d'une grande cloche pleine d'un mélange explosif, de la voir s'éteindre sans que l'inflammation se communiquât au gaz dans lequel elle était placée (fig. 66).

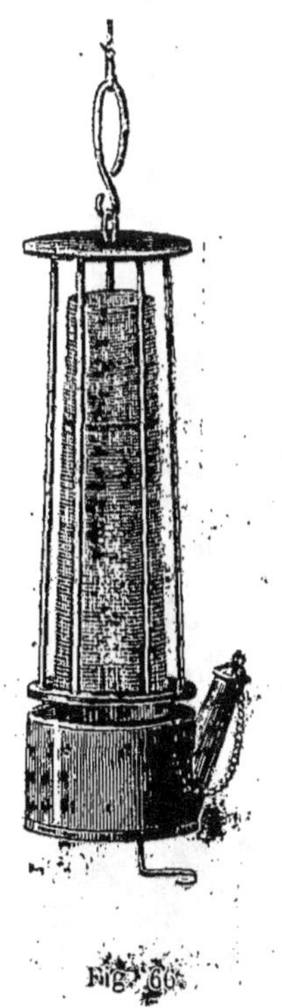

Fig. 66.

Qu'arrive-t-il donc quand une lampe entourée d'un tissu métallique est au milieu d'un mélange explosible?

Le gaz pénètre dans l'intérieur de la toile métallique et prend feu; l'inflammation se propage dans tout l'espace clos, mais elle s'arrête au treillis métallique, parce que la combustion ne peut avoir lieu qu'à la température rouge, et que le métal refroidit la flamme au-dessous du rouge: en conséquence, aucune explosion n'est à redouter dans la mine. Après la combustion du mélange dans la lampe, il n'y reste plus que l'azote de l'air et l'acide carbonique produit; dès lors la lampe s'éteint. C'est là un in-

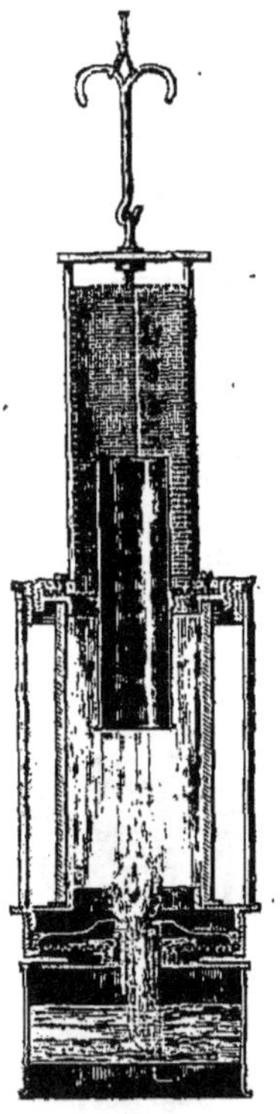

Fig. 67.

convénient, mais non un danger, car l'ouvrier connaît assez bien les galeries de la mine pour trouver sa route.

Il est clair que la lampe ne fonctionne efficacement

qu'autant que la flamme ne vient point toucher la toile. Or il arrive quelquefois que l'ouvrier penche sa lampe, que celle-ci tombe, et par suite qu'un point de la toile est porté au rouge; beaucoup d'explosions arrivent pour cette raison. On en a signalé plusieurs qui avaient été produites par l'imprudence d'un ouvrier qui avait ouvert la lampe afin de ranger la mèche ou pour tout autre motif; on remédie à cette cause d'accidents en fermant les lampes avant la descente dans la mine.

La lampe de Davy a l'inconvénient de donner peu de lumière parce que la partie de la toile qui est à la hauteur de la flamme arrête la plupart des rayons. M. Combes l'a heureusement modifiée (fig. 67) en disposant en ce point un anneau de verre épais qui laisse passer la lumière et sur lequel s'adapte l'enveloppe métallique.

BICARBURE D'HYDROGÈNE. GAZ DE L'ÉCLAIRAGE.

Ce carbure se prépare en chauffant de l'alcool avec sept à huit fois son poids d'acide sulfurique concentré.

C'est un gaz incolore et sans saveur, il possède une légère odeur empyreumatique. Ce que nous avons dit au sujet du protocarbure nous dispense d'entrer dans de longs détails sur l'action de l'air et de l'oxygène sur ce gaz. Il brûle au rouge en produisant une flamme blanche, très-éclatante, et en donnant naissance à de l'acide carbonique et à de la vapeur d'eau. L'éclat de la flamme pouvait être prévu : ce n'est plus l'hydrogène qui domine comme dans le protocarbure, mais bien le carbone, c'est-à-dire un élément solide qui, restant en suspension à l'état incandescent au milieu de la flamme, lui communique un vif éclat.

C'est la présence de ce corps dans le gaz de l'éclairage qui lui fournit les propriétés éclairantes. Malheureusement il se détruit à une température rouge peu intense, et par suite, il n'entre jamais que pour une faible proportion dans le gaz de l'éclairage parce qu'on produit celui-ci par l'action de la chaleur sur les matières organiques.

Les corps de la nature végétale et animale ont pour caractère commun de se décomposer sous l'influence de la chaleur et de donner de l'oxyde de carbone, de l'acide carbonique, de l'eau et des carbures d'hydrogène de diverse nature. Tel est le principe général qu'un Français, nommé Lebon, tenta d'appliquer en 1785 à l'éclairage par le gaz, et c'est lui qu'il est juste de considérer comme le père de cette industrie si importante aujourd'hui.

Lebon proposa de distiller le bois et de recueillir les produits gazeux formés pour s'en servir au chauffage et à l'éclairage de localités éloignées du générateur. Il avait imaginé un appareil particulier, nommé *thermolampe,* dont le gaz laissait beaucoup à désirer, tant au point de vue de l'éclat que de l'odeur. Cependant il put à son aide éclairer une fête de nuit à l'hôtel de Seignelay dans le faubourg Saint-Germain et installer des appareils au Havre. Malgré ces débuts, l'invention fut bientôt délaissée : notre pays est peu propice aux inventeurs, surtout, ce semble, lorsqu'ils sont nés sur notre sol. D'autre part les préoccupations sociales de l'époque ne laissaient guère de place à l'étude des sciences et à leur application; aussi Lebon mourut-il en 1802 sans voir son œuvre couronnée de succès. Sa fin fut tragique; on le trouva mort un matin dans les Champs-Élysées. La découverte de Lebon fut perfectionnée en Angleterre, et elle avait réalisé en 1805 un progrès tel que les ateliers de Watt étaient éclairés par le gaz. L'invention baptisée à l'étranger ne nous revint qu'en 1815, et le premier établissement public éclairé au gaz dans Paris fut le passage des Panoramas.

Pour fabriquer le gaz de l'éclairage on choisit une matière organique à bon marché dans la contrée, susceptible de fournir des carbures d'hydrogène se rapprochant le plus possible de l'hydrogène bicarboné. De toutes les substances organiques, celle qui est à la fois la plus économique et qui remplit le mieux possible la condition que nous venons d'énoncer est la houille. Parmi les diverses espèces de charbon de terre, celles que l'on doit préférer sont les qualités dans lesquelles l'hydrogène prédomine beaucoup sur l'oxygène, parce qu'alors l'hydrogène, trouvant peu d'oxygène, se combine presque en totalité au carbone pour former des carbures d'hydrogène : ce sont les houilles demi-grasses.

On place la houille dans une cornue et on la chauffe au rouge sombre. Nous savons pourquoi l'on ne doit pas élever très-haut la température; c'est que le principe éminemment éclairant, le bicarbure d'hydrogène, se décomposerait complétement, abandonnerait son carbone dans le vase distillatoire, et ne donnerait que de l'hydrogène, gaz à peine éclairant.

Quelque soin que l'on prenne à réaliser cette condition, le gaz sera toujours mélangé à divers produits secondaires dont quelques-uns sont nuisibles, dont d'autres sont utilisables, mais que dans tous les cas on doit séparer du gaz.

Examinons ces produits. L'un est le coke, formé par l'excès de charbon qui ne s'est pas combiné à l'hydrogène : il reste dans la cornue. Le poids de coke est de 60 à 65 pour 100 de la quantité de houille soumise à la distillation. Le gaz entraîne de l'eau et un liquide oléagineux. L'eau est chargée de carbonate et de sulfhydrate d'ammoniaque ; la substance huileuse renferme divers hydrocarbures, parmi lesquels sont la benzine et d'autres composés solides et liquides, la naphtaline, l'acide phénique, l'aniline, etc. Nous verrons, à l'étude des substances organiques, tout le parti que l'on a su tirer de ces matières qui, il y a quelques années à peine, étaient un embarras dans les usines à gaz. Aujourd'hui elles servent à préparer de magnifiques couleurs de toutes les nuances, et l'on distille la houille dans quelques pays en vue de les obtenir.

Pour purifier le gaz on le fait passer dans une sorte de tonneau métallique, rempli d'eau jusqu'à la moitié, où il se refroidit et laisse une partie de l'eau et des liquides huileux organiques. Il circule ensuite dans une série de tubes verticaux dont le pied plonge dans un grand réservoir portant des diaphragmes, de telle sorte que le gaz parvenu dans la première section est obligé, pour passer dans la seconde, de monter à travers le second tube et de redescendre dans le troisième, et ainsi jusqu'au dernier.

Le gaz, en parcourant ce long trajet, se refroidit et abandonne la presque totalité des impuretés. L'eau condensée est enlevée de temps à autre, et traitée par des méthodes spéciales pour en extraire l'ammoniaque.

Malgré ce lavage, le gaz retient toujours de petites quantités d'acide sulfhydrique et de sulfure de carbone. Le premier de ces corps offre un double inconvénient : il exerce par lui-même une action fâcheuse sur l'économie, et il noircit les peintures au blanc de plomb et les objets d'argent en formant des sulfures de ces métaux. En outre, ce gaz, ainsi que le sulfure de carbone, donne en brûlant du gaz sulfureux qui n'est pas sans action sur l'économie, qui décolore les couleurs végétales, et qui se change dans l'atmosphère en acide sulfurique dont l'action corrosive est extrême. On comprend, d'après cet énoncé, combien il est indispensable d'enlever au gaz ces composés sulfurés. On y arrive en forçant le gaz à traverser des claies recouvertes de chaux éteinte ou de peroxyde de fer. Ce dernier corps possède un précieux avantage; lorsque, sous l'influence du soufre, il s'est changé en sulfure de fer, il suffit de l'abandonner à l'air pendant quelques jours pour le retransformer en peroxyde, de sorte qu'il peut servir d'une manière à peu près indéfinie.

Enfin le gaz arrive dans de grandes cloches en tôle, appelées *gazomètres,* dont les parois inférieures plongent dans l'eau. Il y est rassemblé chaque jour pour être consommé chaque soir. La faible pression, sous laquelle arrive ce gaz, suffit pour soulever la cloche qui est équilibrée par des contre-poids. Lorsqu'elle est remplie, on ferme le robinet d'arrivée, et l'on ouvre le robinet de sortie par lequel le gaz, pressé par le poids de la cloche, se rend dans les tuyaux de distribution.

Aujourd'hui, dans les grandes villes, le gaz de l'éclairage est en pression tout le jour, parce que l'on s'en sert, non-seulement pour l'éclairage, mais aussi pour le chauffage, et pour la marche de certaines machines spéciales dont la plus connue chez nous est le moteur Lenoir.

Quelques nombres sur la fabrication et sur la consommation du gaz à Paris, donneront une idée de l'importance de cette industrie.

On a livré pendant l'année 1867 un volume de gaz de. . . . . 136 569 762 m.c.

C'est, comparativement à l'année précédente, une augmentation de. . . 14 235 157

La consommation de jour, due presque exclusivement au chauffage industriel et domestique, figure dans la consommation totale pour. 18 702 987
et dépasse celle de l'année dernière de. 3 647 308

Les becs d'éclairage de la voie publique ont été augmentés de 3385; leur nombre, au 31 décembre, était de. 35 617

Le tableau suivant donne les résultats principaux des douze premières années de l'exploitation du gaz jusqu'au 31 décembre dernier : il en ressort que l'augmentation totale a été de 235 p. 100 pendant cette période, et l'augmentation moyenne annuelle de 7 980 000 mètres cubes.

ANNÉES.	CONSOMMATIONS ANNUELLES	AUGMENTATIONS ANNUELLES.
1855	40 774 400	
1856	47 335 475	6 561 075
1857	56 042 640	8 707 165
1858	62 159 300	6 116 660
1859	67 628 116	5 468 816
1860	75 518 922	7 890 806
1861	84 230 676	8 711 754
1862	93 076 220	8 856 744
1863	100 833 258	7 757 038
1864	109 610 003	8 776 745
1865	116 171 727	6 561 724
1866	122 334 605	6 162 878
1867	136 569 762	14 235 157

La puissance de fabrication des usines, qui était au 31 décembre 1866 de 135 000 000 de mètres cubes, avait atteint près de 145 000 000 de mètres cubes à la fin du mois de décembre dernier.

La canalisation a reçu une augmentation de développement de. . . . . 93 771 m.

Ce qui en porte la longueur totale à . . 1 347 776 m.

Dans Paris, toutes les anciennes rues sont canalisées, mais il s'ouvre tous les jours de nouvelles voies à grande largeur, dans lesquelles on établit une double canalisation.

L'histoire du gaz de l'éclairage, nous conduit de la manière la plus rationnelle à l'étude de la flamme; mais avant de l'entreprendre nous allons dire quelques mots des aérostats, parce que c'est le gaz de l'éclairage qui sert à en opérer le gonflement.

ONZIÈME LEÇON

DES AÉROSTATS. DE LA FLAMME.

Aérostats. Historique de cette découverte. Emploi de l'air chaud, de l'hydrogène, du gaz de l'éclairage. — *De la flamme.* Signification de ce mot. Éclat des flammes. Constitution de la flamme. Différence des becs de gaz pour l'éclairage et pour le chauffage. Flamme des lampes. Flamme des bougies, des chandelles. Chalumeau ordinaire.

Il n'est pas d'invention qui ait excité plus d'enthousiasme et donné plus d'espérances que la découverte de la navigation aérienne, mais il faut bien ajouter qu'il n'en est pas qui ait amené moins de résultats utiles et causé plus de déceptions.

L'air possède un certain poids, et il est des gaz plus légers que lui. Si l'on enferme un de ces gaz dans une enveloppe peu pesante, l'appareil devra s'élever dans l'air. Telle est l'idée bien simple qui fut communiquée à Étienne Montgolfier, d'Annonay, par la lecture de l'ouvrage de Priestley sur les gaz. Il s'associa son frère, et le 4 juin 1783 ils élevaient un ballon à Annonay devant l'assemblée des États du Vivarais et au milieu d'un concours immense. L'aérostat était formé d'une toile doublée de papier ; il avait 12 mètres de diamètre.

Le gaz plus léger que l'atmosphère était l'air humide rendu moins lourd par l'action de la chaleur. Pour échauffer cet air, on avait fixé à la partie inférieure un grillage en fils de fer, dans lequel on brûla de la paille mouillée et des filaments de laine. La force ascensionnelle fut telle que le ballon s'éleva en quelques minutes à près de 500 mètres, mais il retomba bientôt après par suite de la perméabilité de l'enveloppe et du refroidissement de l'air.

La France s'émut toute entière au récit de cette prise de possession de l'air par le génie de l'homme, et dix mille francs furent souscrits à Paris en quelques jours pour répéter l'expérience. Un professeur, d'une très grande réputation, nommé Charles, se mit à la tête de l'entreprise, et confia l'exécution de l'aérostat à des constructeurs habiles, les frères Robert.

L'hydrogène venait d'être découvert; la faible densité de ce gaz qui est sa propriété saillante le fit choisir par Charles, et le 27 août de la même année, à cinq heures, le premier ballon au gaz hydrogène s'élevait du Champ-de-Mars devant une multitude innombrable, encombrant les quais, les rues, garnissant les fenêtres et les toits.

L'expérience réussit, en ce sens que le ballon atteignit, en quelques instants, plus de mille mètres de hauteur, et se perdit dans les nuages. Cependant, l'ascension se termina peu après par la rupture de l'enveloppe, ce qui tint à ce que le ballon avait été complétement rempli de gaz. L'expansion de l'hydrogène, dans les régions élevées de l'atmosphère où la pression est beaucoup moindre qu'à la surface du globe, le fit éclater.

Étienne Montgolfier vint à Paris, et le 19 septembre de la même année il élevait un ballon à air chaud, une *montgolfière* immense, dans la grande cour du château de Versailles, devant Louis XVI, la cour et une foule considérable. Au dessous du réchaud, on avait placé une cage contenant quelques animaux. L'ascension eut lieu régulièrement, mais une déchirure fit tomber l'aérostat dix minutes après dans les bois de Vaucresson.

Les deux systèmes étaient en présence, ils avaient leurs appuis, leurs détracteurs, et on vit s'organiser à Paris et dans les grandes villes des ascensions par l'air chaud et par l'hydrogène.

Pilâtre des Rosiers, professeur à Paris, et le marquis d'Arlandes furent les premiers qui s'élevèrent en ballon. L'ascension eut lieu le 21 octobre 1783 des jardins de la Muette dans une montgolfière. L'aérostat traversa Paris et descendit lentement pour tomber à la butte aux Cailles près de Gentilly.

Pendant ce temps Charles n'était pas inactif. Averti par l'échec arrivé à son premier ballon, il imagina la soupape, qui permet de faire écouler du gaz lorsque l'on arrive dans les régions élevées, il recouvrit l'étoffe d'un enduit imperméable, il disposa une grande nacelle dans laquelle il plaça du lest pour régulariser la montée et ralentir la vitesse à la descente; enfin il créa presque à lui seul les moyens qu'on emploie aujourd'hui. Ces disposition établies, il fit une ascension publique avec Robert, le 1er décembre 1783.

Partis du jardin des Tuileries, ils s'élevèrent avec lenteur au moyen du jeu de la soupape, et ils abordèrent près de Saint-Leu-Taverny. Robert descendit à ce point, mais Charles s'éleva de nouveau et atteignit à une hauteur voisine de quatre mille mètres, puis il redescendit une demi-heure après.

Pilâtre des Rosiers exécuta seul ou avec divers personnages marquants de l'époque un grand nombre d'ascensions, et il mourut victime de son ardeur à faire ces expériences. Il eut la malencontreuse idée de vouloir combiner les deux systèmes, c'est-à-dire de surmonter une montgolfière d'un ballon au gaz hydrogène, et le 5 juin 1785 il monta dans cet aérostat sur la côte de Boulogne avec l'intention de réaliser une entreprise exécutée par Blanchard quelque temps auparavant, la traversée de la Manche. Lorsque l'aéronaute atteignit une hauteur de quatre à cinq cents mètres le ballon à hydrogène tomba sur la montgolfière, et tout l'ensemble se précipita sur la terre avec une rapidité foudroyante.

En 1794, Guyton de Morveau proposa au Comité de salut public de faire usage des aérostats pour l'observation des lignes ennemies dans les armées en campagne. Son idée fut mise aussitôt à exécution, et un jeune physicien, nommé Coutelle, partit, muni d'un ballon et d'appareils producteurs d'hydrogène, pour l'armée de Sambre-et-Meuse commandée par Jourdan. On créa une compagnie d'aérostiers et le ballon l'*Entreprenant*, commandé par Coutelle, rendit des services lors de la défense de Maubeuge, et surtout à la bataille de Fleurus.

On installa peu de temps après, à Meudon, une école

aérostatique militaire, mais cette institution n'eut pas de suite, parce qu'on reconnut bientôt que les dépenses considérables qu'entraînaient ces observations n'étaient pas compensées par leur utilité, et l'école fut fermée par Napoléon au retour d'Égypte.

Les sciences n'ont pas retiré un grand profit de l'invention des aérostats. Cependant quelques questions de chi-

Fig. 68.

mie et de physique ont été éclairées par le voyage aérostatique de Biot et de Gay-Lussac exécuté le 20 août 1804, par l'ascension de Gay-Lussac qui eut lieu quelque temps après, et par celles que tentèrent, en 1850, MM. Barral et Bixio. Disons seulement sur ce sujet que Gay-Lussac prit de l'air à six mille cinq cents mètres de hauteur et que cet air offrit la composition exacte de l'air recueilli sur le sol.

L'hydrogène offre plusieurs inconvénients pour le gonflement des aérostats. Son prix est trop élevé. En vertu de la grande légèreté de ce gaz, la force ascensionnelle de l'appareil est trop grande et il faut écouler beaucoup de gaz pour modérer et régulariser l'ascension. Enfin, nous avons vu que les gaz traversent les membranes d'autant mieux qu'ils sont moins denses; de sorte que l'hydrogène s'extravase rapidement à travers l'enveloppe de l'aérostat. Aujourd'hui on remplace généralement l'hydrogène par le gaz de l'éclairage qui est beaucoup plus économique, qui se trouve tout préparé dans les villes, et qui possède un pouvoir diffusif beaucoup moindre parce que sa densité s'écarte moins de celle de l'air.

Depuis cette époque, et tout récemment encore, diverses tentatives ont été faites en vue de diriger les ballons, mais aucune n'ayant été couronnée de succès, nous ne croyons pas devoir entrer dans aucun détail sur ce point.

DE LA FLAMME.

Un morceau de bois ou de houille porté au rouge s'embrase et s'entoure d'une enveloppe lumineuse qui constitue la *flamme*. Un boulet de fer, à quelque température qu'on l'élève, ne produit jamais de flamme. A quoi tient cette différence? A ce que le bois et la houille fournissent des gaz qui brûlent au contact de l'air, tandis que le fer n'en donne aucun. Nous conclurons de cette expérience si simple que la flamme est un corps gazeux porté au rouge. S'il restait quelque doute sur ce point nous n'aurions qu'à écraser une flamme avec une toile métallique, c'est-à-dire avec une substance qui absorbe beaucoup de chaleur en un temps très-court; on verrait aussitôt la flamme s'éteindre au-dessus de la toile et des gaz fumeux s'échapper du treillis métallique (fig. 69).

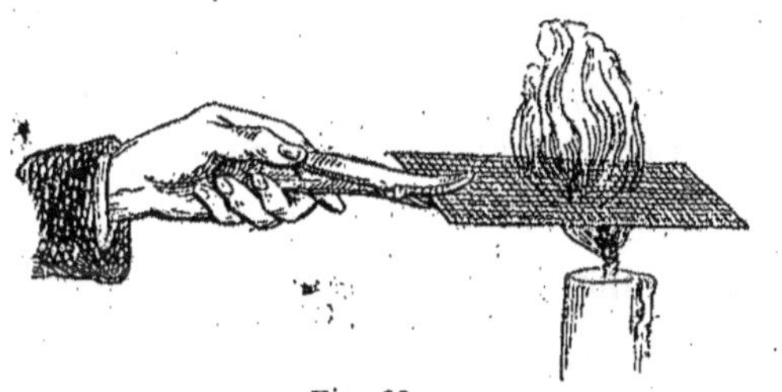

Fig. 69.

Si l'on continue l'expérience, le métal devient incandescent, porte le gaz au rouge, et la flamme apparaît au-dessus de la toile.

L'éclat des flammes est très-variable et cet éclat n'a rien de commun avec leur température. Rappelez-vous la flamme du gaz hydrogène: elle est à la fois la plus chaude et la plus pâle de toutes. Rappelez-vous qu'il suffit pour la rendre éclairante de placer dans son intérieur un fil de platine, ou d'y mêler un gaz carburé comme la vapeur de benzine, et que son éclat devient éblouissant si l'on y fait pénétrer un fragment de craie ou de magnésie. Rappelez-vous le phosphore qui brûle avec une vive lumière, parce qu'il donne naissance à un corps solide qui devient rouge lui-même; le magnésium, qui s'oxyde avec une lueur d'un admirable éclat parce qu'il se change en un oxyde fixe, la magnésie. Rappelez-vous enfin le gaz des marais qui brûle avec une flamme faible, tandis que l'hydrogène bicarboné, qui renferme deux fois plus de carbone, dégage une vive lumière. Posons donc en principe que tout gaz, qui brûle en produisant des particules solides, ou dans la flamme duquel on introduit une matière solide incandescente, fournit une vive lumière, et que toute flamme lumineuse renferme une matière fixe portée au rouge. Ces points bien établis, étudions la constitution d'une flamme, et examinons la plus simple, un jet de gaz de l'éclairage s'échappant d'une ouverture circulaire.

On aperçoit une partie obscure à la naissance du tube, dans le centre du cône oblong que forme la flamme : c'est le gaz lui-même, parce qu'il ne peut brûler que s'il a le contact de l'air et qu'il n'a ce contact que sur le bord du jet gazeux; il n'est donc pas étonnant que ce point soit obscur.

D'ailleurs si vous en voulez une preuve directe, vous n'avez qu'à écraser une flamme avec une toile métallique percée d'une ouverture un peu large; vous pourrez alors faire pénétrer dans la partie obscure une allumette, et vous verrez qu'elle ne s'enflamme pas. Rien ne s'opposera à ce que vous regardiez la flamme ainsi coupée et vous vous assurerez que cette partie centrale est tout à fait sombre.

Vous pouvez encore faire l'expérience suivante, seulement elle exige une certaine habileté. Écrasez une flamme

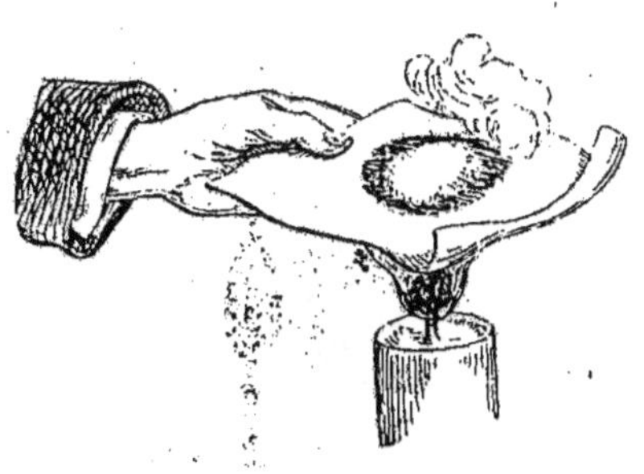

Fig. 70.

avec une feuille de papier un peu fort (fig. 70); le papier brûle sur les bords de la flamme, il reste intact au centre.

Tout autour est une zône très-éclairante. A quoi tient cette lumière? A ce que c'est le gaz et non pas l'air qui domine dans cette couche. Le gaz est décomposé et il s'y trouve de nombreuses particules de charbon en suspension. Pour s'en convaincre on n'a qu'à écraser la flamme avec une soucoupe de porcelaine, un dépôt de noir de fumée de forme annulaire s'y montre aussitôt. Enfin, les bords de la flamme sont pâles et à peine visibles. La flamme d'une chandelle ci-jointe donne une idee de cette constitution (fig. 71). Si l'on vous demandait quel est le point le plus chaud, vous n'hésiteriez pas à répondre : ce n'est pas la couche centrale, puisque c'est du gaz; ce n'est pas la zône lumineuse, car la combustion y est incomplète; ce sont les bords parce que dans cette partie l'oxygène de l'air et les produits combustibles se mélangent dans les rapports convenables pour produire la combustion. Prenez un petit fil de platine et mettez-le en travers de la flamme; à l'extérieur il rougit à blanc, et il rougit à peine dans l'intérieur.

Fig. 71.

Si cette théorie est vraie, on diminuera l'éclat de la flamme et on augmentera la chaleur en mélangeant de l'air avec le gaz à l'origine du bec de combustion. C'est ce que chacun de vous peut vérifier.

On se sert aujourd'hui du gaz pour le chauffage : or les becs des appareils de chauffage sont munis de petites ouvertures au moyen desquelles l'air est aspiré par l'écoulement du gaz, et l'on en est averti par l'aspect de la flamme. Au lieu d'être blanche et éclatante, elle est bleuâtre et pâle. Il arrive que ces ouvertures s'encrassent; on en est prévenu par la teinte blanche et lumineuse que prend la flamme. Par conséquent, si vous achetez des fourneaux à gaz pour le chauffage, n'acceptez que des appareils brûlant avec une flamme bleue, peu brillante.

La flamme d'une lampe est constituée de la même façon. La seule différence réside dans la nature du combustible qui est liquide au lieu d'être gazeux, mais cette différence n'est qu'apparente. En réalité, ce n'est pas l'huile qui brûle, mais ce sont des gaz produits par la décomposition de cette huile. Personne ne peut en douter; soufflez une lampe et vous verrez s'échapper un nuage de vapeur accompagné d'une odeur désagréable; ces gaz ne sont que l'huile métamorphosée, car, si vous approchez une allumette de la traînée nuageuse, elle prend feu.

Comment produit-on la combustion de l'huile? Par un intermédiaire qui est la mèche. La mèche est du coton tressé dans lequel l'huile monte par capillarité. On entend par ce mot de capillarité une propriété que chacun a pu ou pourra facilement observer. Prenez une serviette de coton, plongez une de ses extrémités dans l'eau d'une cuvette et laissez le reste hors de l'eau : peu à peu le liquide pénétrera dans le linge et au bout d'un certain temps il se sera complétement échappé du vase.

L'huile arrive en quantités extrêmement faibles au bout de la mèche et se décompose en divers produits gazeux carburés dont la combustion produit la flamme.

La flamme de la chandelle et de la bougie est produite par la même cause (fig. 72). La chandelle est faite avec le suif (graisse de bœuf, de mouton); la bougie est fabriquée avec un acide extrait du suif, nommé l'acide stéarique, qui est moins fusible que le suif. On conçoit alors comment la bougie ne tache pas les doigts et pourquoi elle ne coule comme la chandelle. Il est une autre différence, la mèche de la bougie est tressée et imprégnée d'acide borique, ce qui fait qu'elle se recourbe en dehors de la flamme. L'air brûle le charbon de la mèche, de sorte qu'on n'a pas be-

Fig. 72.

soin de la moucher comme la chandelle, parce que la mèche se détruit d'elle-même.

Dans la bougie et la chandelle, le combustible n'est pas liquide comme l'huile, il est solide. Ce n'est encore qu'une différence apparente. Lorsqu'une bougie brûle, la chaleur de la combustion fond le corps gras, de telle manière qu'en réalité le pied du lumignon baigne dans ce corps gras fondu, c'est-à-dire dans une huile. Dans ce cas, comme dans le précédent, le combustible liquide pénètre dans la flamme par capillarité, et ce n'est pas le liquide qui brûle, mais les produits de sa décomposition. Soufflez vivement une bougie, elle s'éteint, mais un nuage fumeux et odorant s'échappe de la mèche, et se rallume par l'approche d'une allumette de cette traînée de combustible gazeux (fig. 73). Retournez une bougie, elle s'éteindra; par conséquent, ce n'est pas le corps gras liquide qui brûle dans la mèche, car dans ces conditions la mèche est gorgée de cette matière liquide. Pour que la

Fig. 73.

combustion ait lieu régulièrement, il faut que le pied de la flamme plonge dans un petit bassin de graisse fondue (fig. 74). Ce bassin se forme naturellement, parce que l'air

Fig. 74.

froid qui monte le long des parois de la bougie les refroidit et forme un rebord autour du corps gras fondu par la chaleur de la combustion. Si la bougie ne donne pas de lumière dans les premiers instants où on l'allume, cela tient à ce que ce réservoir d'huile ne s'est pas encore formé. Si la bougie brûle mal, lorsqu'un corps étranger ou qu'un courant d'air trop vif fait couler la bougie, c'est parce que l'huile s'échappe du réservoir. Il est donc indispensable que le corps gras fonde et que ce liquide se gazéifie pour que la chandelle ou la bougie brûlent avec lumière; et dès lors, la combustion du gaz de l'éclairage, de l'huile de la chandelle, de la bougie est un phénomène différent en apparence, et semblable en réalité. La flamme de la chandelle permet de montrer facilement que le centre de la flamme est un produit gazeux non encore brûlé et que la partie lumineuse contient du charbon en suspension. Cette double expérience, aussi simple que curieuse, est due à Faraday. Si l'on place dans la masse centrale (fig. 75) l'extrémité d'un tube recourbé et qu'on

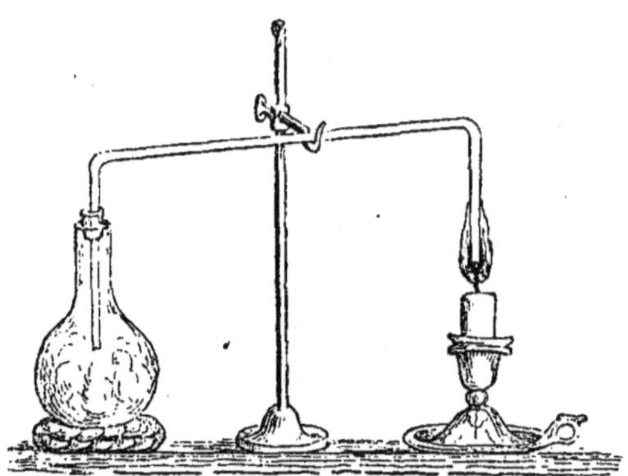

Fig. 75.

plonge l'autre extrémité dans une carafe, on ne tarde pas à voir une matière nuageuse descendre dans la carafe, puis se condenser sur les parois de ce vase : c'est donc une vapeur. Cette vapeur est combustible, car si on la force à passer dans un tube incliné (fig. 76) et qu'on approche

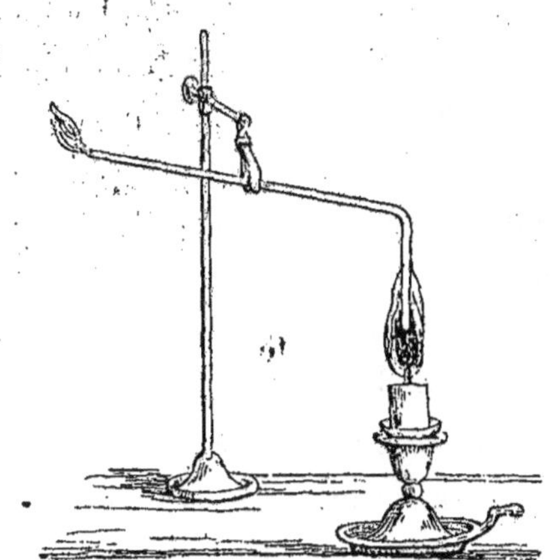

Fig. 76.

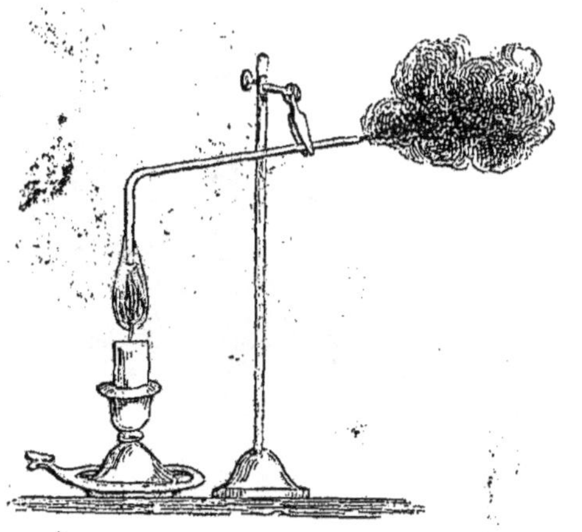

Fig. 77.

un corps enflammé de l'extrémité libre de ce tube, le produit gazeux prend feu et continue à brûler. Introduisons maintenant le tube dans la partie la plus brillante de la flamme : aussitôt nous verrons s'en échapper une vapeur noire (fig. 77) qui éteint les corps en combustion et qui n'est autre qu'un mélange de gaz carbonique et de vapeur aqueuse dans lequel flottent des particules de charbon.

La théorie que nous venons d'esquisser nous permet de prévoir qu'il sera facile de diminuer l'éclat d'une bougie et d'en augmenter la puissance calorifique. Il suffira d'y injecter un excès d'air pour brûler le charbon en suspension. Ce fait se réalise au moyen d'un petit appareil, appelé *chalumeau,* qui sert au chimiste et au minéralogiste à produire une température élevée avec une bougie ordinaire.

Le chalumeau consiste en un tube de laiton coudé, dont la plus longue branche se termine par une embouchure en

Fig. 78.

os ou en ivoire, et dont la plus courte est percée d'une ouverture très-fine qu'on place dans la flamme (fig. 78).

Il faut un certain exercice pour se servir du chalumeau. On ne doit pas y lancer de l'air venant des poumons, parce que ce gaz contient moins d'oxygène que l'air atmosphérique et qu'il renferme en outre du gaz carbonique ; il faut l'alimenter avec de l'air ordinaire. A cet effet, on aspire de l'air par le nez, et on le chasse dans le chalumeau par la compression des joues.

Non-seulement cet appareil permet d'obtenir une forte chaleur, mais il donne le moyen de produire à volonté des oxydations ou des réductions. Si l'on fait pénétrer la pointe du chalumeau sur les bords de la flamme, le dard lancé sur le corps à chauffer contiendra de l'air, et, par suite, de l'oxygène en excès. Fait-on, au contraire, arriver le chalumeau dans la partie éclairante, on aura une flamme où le charbon domine, c'est-à-dire une flamme réductrice.

Lorsque nous étudierons les corps organiques nous donnerons la composition et le mode de fabrication de la chandelle, de la bougie et de l'huile à brûler.

DOUZIÈME LEÇON.

SOUFRE. ACIDE SULFUREUX. ACIDE SULFURIQUE. ACIDE SULFHYDRIQUE.

Parmi les corps qui forment le groupe des métalloïdes il en est un que nous ne saurions passer sous silence en raison des applications importantes dont il est l'objet, soit à l'état libre, soit en combinaison avec l'oxygène. Nous voulons parler du soufre.

Ce corps nous intéresse en outre en ce qu'il forme la transition entre les comburants par excellence tels que l'oxygène et le chlore et ceux qui jouissent au plus haut degré de la propriété combustible tels que l'hydrogène et le carbone.

Connu de toute antiquité, ce corps présente avec l'oxygène des analogies tellement incontestables qu'on a cru devoir les placer dans une même famille.

En mettant de côté le rôle considérable que l'oxygène joue dans l'économie de la nature qui différencie ces deux corps de la manière la plus complète, et en nous bornant à étudier la manière d'être de ces deux éléments, on trouve entre eux des ressemblances tellement frappantes qu'on est en quelque sorte conduit à considérer le soufre comme de l'oxygène solidifié. Joignez à cela qu'il existe un rapport très-simple entre le poids de la molécule du soufre et celui de l'oxygène qui est de 2 à 1.

A la température ordinaire le soufre se présente à nous sous la forme d'un solide dont la couleur jaune rappelle celle du citron. Dépourvu d'odeur et de saveur ce corps possède une friabilité considérable, aussi peut-on facilement le réduire en poudre sous l'action du pilon.

Il est très-mauvais conducteur de la chaleur, résultat qu'on peut facilement mettre en évidence au moyen de quelques expériences. Qu'on presse quelque temps dans la main un de ces bâtons légèrement coniques qui sont désignés dans le commerce sous le nom de *soufre en canons*, et bientôt il se manifestera des craquements qui se succéderont à des intervalles assez rapprochés, et le bâton ne tardera pas à se rompre si le contact est suffisamment prolongé. Or le soufre étant mauvais conducteur de la chaleur, les parties extérieures qui sont directement en contact avec la main s'échauffent plus que les parties intérieures qui ne reçoivent aucune chaleur, par suite il se produira des dilatations inégales qui devront amener ces petites ruptures partielles qui se traduisent par des craquements.

Que d'une autre part on allume un bâton de soufre par une de ses extrémités, et l'on pourra très-facilement le tenir à la main près du point enflammé sans éprouver de sensation de chaleur bien appréciable.

Le soufre est mauvais conducteur du fluide électrique, par contre il s'électrise facilement. Il suffit en effet de frotter sa surface avec une peau de chat ou un morceau de laine pour y développer de l'électricité négative. Il se comporte à cet égard à la manière des substances résineuses.

Sa pesanteur spécifique, légèrement variable, est très-sensiblement double de celle de l'eau.

Complétement insoluble dans l'eau, le soufre se dissout en proportions très-faibles dans l'alcool et l'éther même à chaud, les huiles grasses et volatiles le dissolvent mieux ainsi que la benzine, mais son meilleur dissolvant est le sulfure de carbone, combinaison définie de carbone et de soufre qu'on obtient par l'union directe de ces deux corps à la température du rouge.

Le soufre peut être obtenu sous des formes géométriques parfaitement nettes, à l'état de cristaux, comme on dit, à l'aide de deux méthodes extrêmement simples.

Qu'on fonde du soufre dans un grand creuset ou dans un poêlon et que dès qu'il est amené à l'état de liquidité parfaite on retire le vase du feu, puis qu'on l'abandonne à un refroidissement lent, bientôt on verra se former à la surface une croûte solide. Si l'on perce cette dernière avec un fer pointu, qu'on l'enlève et qu'on fasse écouler rapidement la partie demeurée liquide on trouvera l'intérieur du vase traversé par de longues aiguilles transparentes, de couleur ambrée, qui dérivent d'un prisme oblique à base carrée. Ces aiguilles perdent peu à peu leur transparence, et si on les examine au microscope alors qu'elles sont devenues complétement opaques, on voit qu'elles se sont transformées en de véritables chapelets d'octaèdres, dont l'ensemble conserve la forme extérieure du cristal primitif.

Si l'on détermine maintenant la cristallisation du soufre en dissolvant ce corps dans le sulfure de carbone et abandonnant la solution à l'évaporation spontanée, il se dépose graduellement des cristaux réguliers d'un beau jaune et d'une transparence parfaite. Les cristaux qu'on obtient par cette deuxième méthode présentent la même forme et le même aspect que le soufre cristallisé de la nature. C'est un octaèdre droit à base rhombe.

L'abbé Haüy, le fondateur de la cristallographie, avait basé son système minéralogique sur la forme des cristaux. Or le soufre présentant deux formes qu'on ne saurait ramener l'une à l'autre par les procédés géométriques, possédant comme on dit des formes incompatibles, ce système se trouve complétement renversé.

Cette propriété curieuse qu'on retrouve aujourd'hui dans un grand nombre de corps porte le nom de *dimorphisme*, et par suite on donne le nom de corps *dimorphes* à ceux qui la possèdent.

Tandis que les cristaux prismatiques abandonnés à la température ordinaire perdent rapidement leur transparence en se changeant en octaèdres, les cristaux octaédriques qui se déposent du sulfure de carbone à la température ordinaire restent indéfiniment transparents en conservant leur forme. La forme octaédrique nous représente donc l'état d'équilibre stable du soufre à la température ordinaire.

Or si l'on maintient les cristaux octaédriques pendant plusieurs heures à une température d'environ 110° au moyen d'un bain d'eau saturée de sel marin, on voit les cristaux perdre peu à peu leur transparence, finir par devenir complétement opaques et se réduire en une multitude de petits cristaux qui présentent une forme prismatique. Par conséquent il existe pour le soufre cristallisé deux arrangements différents qui correspondent à deux températures également différentes. Les cristaux prismatiques conserveraient indéfiniment leur forme dans une atmosphère maintenue à 110° environ, de même que les cristaux octaédriques demeurent indéfiniment octaédriques à la température ordinaire.

Si ces considérations sont vraies, le soufre devra pouvoir affecter l'une ou l'autre de ces formes, suivant qu'il se séparera du liquide qui le tient en dissolution à une température basse ou élevée.

C'est ainsi que M. Charles Sainte-Claire Deville a constaté que la dissolution du soufre dans la benzine laisse déposer des prismes entre 80° et 23°, et des octaèdres à une température inférieure.

Indépendamment de cette curieuse propriété, le soufre va nous en offrir d'autres qui ne sont pas moins dignes d'intérêt. Il va nous présenter, en effet, relativement à l'action que la chaleur exerce sur lui, des phénomènes qui nous permettent d'expliquer certaines particularités dont on n'avait pu jusqu'à présent se rendre compte.

Échauffe-t-on graduellement du soufre, on le voit fondre vers 114 à 115° en donnant un liquide de couleur jaune un peu plus foncée que le soufre solide et présentant la consistance des huiles grasses. Si l'on échauffe davantage ce liquide il brunit et s'épaissit très-notablement vers la température de 160°. A 220° il acquiert un tel état de viscosité qu'on peut renverser le vase qui le contient sans qu'il se déplace sensiblement. Chauffé plus fortement, il reprend un peu de fluidité sans perdre sa couleur brune qu'il conserve jusqu'à 440°, température à laquelle il distille en donnant une vapeur incolore. Laisse-t-on la température redescendre lentement, on le voit repasser par toutes les phases que nous avons décrites pour reprendre vers 115 à 120° l'état de fluidité parfaite.

Les travaux importants de M. Ch. Sainte-Claire Deville sur le soufre liquide font connaître que tandis qu'à partir de sa fusion jusque vers 200° il se manifeste un accroissement anomal dans la vitesse d'échauffement du soufre, vers 220 à 230° elle resterait sensiblement constante, il en serait de même entre 160 et 180°. Il suit de là qu'à certaines époques de l'échauffement de ce liquide une certaine quantité de cette chaleur serait rendue latente.

Sous forme de vapeur le soufre nous offre des anomalies analogues à celles qu'il nous présente sous forme solide et liquide; c'est ainsi que la densité de la vapeur de soufre déterminée à la température de 500° fournit un nombre triple de celui qu'on obtient à la température de 840°, ainsi qu'il résulte des expériences si pleines d'intérêt de MM. Henri Sainte-Claire Deville et Troost.

A ces faits si remarquables nous allons en ajouter d'autres qui ne sont certes pas moins intéressants. Vient-on à projeter dans de l'eau froide du soufre chauffé à une température de quelques degrés seulement supérieure à celle de sa fusion, alors qu'il est très-fluide, il se solidifie brusquement et reprend sa belle couleur citrine ainsi que sa friabilité. Si au contraire on le projette dans cette même eau froide sous la forme de filet très-mince alors qu'il a été amené à une température très-notablement supérieure à celle à laquelle il présente son maximum de viscosité, ce corps se présentera sous la forme d'une substance élastique, présentant une certaine ressemblance avec le caoutchouc et qui, comme lui, pourra s'étirer sous la forme de fils très-fins. Pour que le phénomène réussisse le mieux possible, il est important que le filet liquide soit excessivement mince, afin que le refroidissement soit excessivement brusque.

Dans cette dernière circonstance le soufre n'a nullement changé de nature, et il suffit en effet d'abandonner ce soufre élastique à lui-même pendant quelques jours, quelquefois même durant quelques heures, pour qu'il manifeste toutes les propriétés que nous présente le soufre ordinaire.

Les expériences précédentes nous apprennent qu'il n'est pas nécessaire de maintenir le soufre pendant longtemps à une température élevée pour qu'il acquière cette mollesse. La condition principale à observer consiste à l'amener à une température supérieure à 230° et de le couler en le divisant le plus possible dans une masse d'eau très-froide pour obtenir un refroidissement très-rapide.

Ces propriétés sont tellement étranges qu'au premier abord il paraît assez difficile d'en tenter une explication rationnelle. Tout le monde sait que le verre, l'acier et beaucoup d'autres corps acquièrent une dureté d'autant plus grande qu'on leur a fait subir une trempe plus forte. A l'encontre de ces corps le soufre présenterait une propriété précisément inverse. Ce fait n'est point unique, et, en effet, l'alliage de cuivre et d'étain employé à la fabrication des cloches et des instruments de musique militaire, devient très-mou lorsqu'on le soumet à l'opération de la trempe.

L'action que la chaleur excerce sur le soufre a conduit quelques géomètres à penser que les propriétés si curieuses que la trempe faisait acquérir à ce corps pourraient tenir à l'emmagasinement d'une certaine quantité de chaleur fixée par ses molécules et qui serait rendue latente. A mesure que cette chaleur se dissiperait le soufre reprendrait ses propriétés premières. Cette ingénieuse hypothèse a reçu des expériences de M. Regnault la vérification la plus éclatante. En effet, réchauffe-t-on progressivement le soufre mou jusqu'à 90 à 95° et le maintient-on pendant quelque temps à cette température, bientôt on pourra constater, si l'on a disposé la boule d'un thermomètre au centre de la masse de soufre soumise à l'expérience, que ce corps finit par atteindre la température de 115°. Arrivé à ce terme le soufre fond et reprend ses propriétés primitives.

Cette expérience démontre donc de la manière la plus évidente qu'il existait dans le soufre mou du calorique sous forme latente, qui le maintenait en cet état, et que c'est à la perte de ce calorique, qui se dissipe sous forme sensible, que le soufre doit d'être revenu à son premier état.

Le soufre est un corps combustible. Il prend feu dans l'air à une température peu élevée en se combinant à l'oxygène, il brûle alors avec une flamme bleue : le produit de la combustion est un gaz, l'acide sulfureux, formé par une molécule de soufre avec deux molécules d'oxygène.

Néanmoins, le soufre n'est combustible que vis-à-vis de l'oxygène et du chlore; il est comburant par rapport au charbon et aux métaux, et sa place dans une classification naturelle est à côté de l'oxygène. En effet, les sulfures sont tout à fait analogues aux oxydes par leurs propriétés chimiques et même par leurs caractères physiques.

Le soufre se rencontre à l'état de liberté dans certains terrains spéciaux, et surtout dans le voisinage des cratères des volcans éteints. Cette terre, appelée *solfatare*, est chauffée dans des pots en terre : le soufre qui distille alors est recueilli dans des vases analogues, maintenus hors du fourneau. Ce sont principalement les solfatares du Vésuve et de l'Etna qui fournissent la majeure partie du soufre que consomme le commerce. Celles de la Sicile produisent annuellement de 52 à 55 millions de kilogrammes de soufre brut. Elles occupent environ vingt mille ouvriers.

Le soufre ainsi préparé n'est pas pur; il a nécessairement entraîné beaucoup de matières terreuses. On le purifie dans notre pays en le soumettant à une nouvelle distillation qui l'amène à l'état de pureté.

Si l'on opère cette distillation avec une grande rapidité, les parois de la chambre de condensation s'échauffent, et le soufre fond et coule sur le sol. On le verse dans des moules en bois coniques entourés d'eau froide, où il se solidifie, et l'on obtient des pains coniques de soufre qu'on appelle les *canons* de soufre. Si, au contraire, on conduit l'opération avec lenteur, le soufre se dépose sur les parois de la chambre en flocons légers que l'on nomme la *fleur* de soufre.

Le soufre sublimé ou en fleur est toujours moins pur que le soufre en canon; il retient en effet constamment un peu d'eau, d'acide sulfureux et même d'acide sulfurique dont on peut toutefois le débarrasser par des lavages à l'eau bouillante.

Raffiné, le soufre constitue l'un des ingrédients de la poudre à canon et des différentes poudres d'artifice.

La poudre de guerre est en effet un mélange de salpêtre de charbon et de soufre ainsi que nous l'avons indiqué lorsque nous avons tracé l'histoire du carbonne. Il faut employer pour cet usage du soufre en canons et non de la fleur de soufre.

Les modeleurs et les graveurs se servent de soufre fondu pour prendre de belles empreintes de médailles. La médecine tire un parti précieux de ses propriétés médicamenteuses pour combattre les maladies de la peau.

Le soufrage des vins et de la vigne consomme d'assez grandes quantités de soufre.

Son bas prix et sa grande combustibilité le font employer depuis longtemps à la fabrication des allumettes. On a constaté depuis longues années l'existence du soufre dans le règne organique. On l'a signalé dans plusieurs plantes, tels que le raifort, le cochléaria, les radis, le cresson, les oignons, la graine de moutarde noire, etc. Certaines matières animales en contiennent également des proportions appréciables, telles que les œufs, la fibre musculaire, la caséine, la laine, les cheveux, les poils.

ACIDE SULFUREUX.

Nous avons dit que le soufre brûlait à l'air en donnant naissance à un gaz d'une odeur piquante, qu'on a désigné sous le nom d'acide sulfureux.

Ce corps s'obtient à l'état de pureté parfaite en chauffant du mercure ou du cuivre avec de l'acide sulfurique concentré. L'acide sulfurique abandonne à ces métaux dans ces circonstances le tiers de son oxygène, et donne naissance à des sulfates qui restent dans le ballon où l'on fait la réaction, tandis qu'il se dégage du gaz sulfureux qui recueille sur le mercure, en raison de sa grande solubilité dans l'eau, après l'avoir fait passer à travers une petite quantité de ce liquide contenu dans un flacon, qu'on interpose entre l'appareil générateur et la cuve à mercure.

L'acide sulfureux est incolore et doué d'une odeur suffocante que chacun a ressentie en mettant le feu à une allumette. Lorsqu'on la respire en proportion un peu considérable, il irrite la gorge, provoque la toux, fait couler les larmes, détermine de l'oppression et finirait par asphyxier.

Il se liquifie avec facilité, il suffit en effet de le diriger dans un tube entouré de glace et de sel, pour le voir se condenser en un liquide bouillant à — 10°. Si l'on fait tomber sur la main quelques gouttes de ce liquide, il se vaporise immédiatement, et comme il absorbe, pour effectuer ce changement d'état, une quantité de chaleur assez considérable, il en résulte une sensation vive de froid. Si on arrose la boule d'un thermomètre avec ce liquide, la température descend au-dessous de 40°, car le mercure se solidifie.

L'acide sulfureux sec n'attaque l'oxygène ou l'air à aucune température à moins qu'on introduise dans ce mélange de la mousse de platine convenablement chauffée; mais il n'en est plus de même lorsqu'on opère en présence de l'eau : la combinaison s'effectue facilement dans cette circonstance, et il se forme de l'acide sulfurique. C'est pour cette raison qu'il faut conserver la solution d'acide sulfureux à l'abri de l'air et n'employer pour la préparer que de l'eau privée de ce fluide par l'ébullition et enfermée dans des flacons qui doivent en être remplis.

L'acide sulfureux résiste sans se décomposer aux plus hautes températures.

Il éteint subitement les corps en combustion, de là son emploi pour l'extinction des feux de cheminée.

L'acide sulfureux est remarquable par son action sur les matières colorantes organiques : il les décolore. Place-t-on une rose dans la vapeur de ce corps ou dans sa solution, elle est immédiatement décolorée. La substance colorante n'est pas détruite, car si on plonge cette fleur dans une solution d'acide sulfurique, la couleur reparaît. On tire parti de cette propriété pour blanchir la laine et la soie, que l'on ne saurait décolorer au moyen du chlore, parce que cet agent détruit les tissus de nature animale. Ces matières sont mouillées et placées dans des chambres en maçonnerie sur le sol desquelles on brûle du soufre dans un réchaud. On l'emploie pareillement en fumigation dans certaines maladies.

ACIDE SULFURIQUE.

L'acide sulfurique, désigné par les anciens chimistes sous le nom d'*huile de vitriol*, parce qu'outre qu'il présente la consistance d'une huile il était extrait du *vitriol vert* (sulfate de fer), est l'acide le plus énergique et le plus employé de tous.

Ce mode de préparation qui ne fournissait que des proportions fort limitées de ce produit est abandonné depuis longtemps. On le prépare aujourd'hui dans de grands appareils sur une si vaste échelle et avec des procédés tellement perfectionnés, que l'industrie peut le livrer à des prix très-bas.

Les réactions sur lesquelles repose sa fabrication sont complexes; nous les avons fait connaître.

On brûle du soufre dans l'air, ce qui produit de l'acide sulfureux. Ce gaz, mélangé d'air, est exposé à l'action de l'acide azotique. Celui-ci perd une des cinq molécules d'oxygène qu'il renferme et se change en acide hypoazotique; cette molécule d'oxygène se porte sur l'acide sulfureux et le transforme en acide sulfurique.

L'acide hypoazotique n'est pas perdu. On fait arriver dans le mélange gazeux d'abondantes quantités de vapeur d'eau. Ce corps dédouble l'acide hypoazotique en bioxyde d'azote et en acide azotique qui sert de nouveau. Le bioxyde d'azote, rencontrant de l'air, devient, ainsi que nous l'avons établi, de l'acide hypoazotique, de sorte qu'en résumé l'azote est toujours ramené à l'état d'acide azotique. Il suit de là que l'acide azotique se régénère indéfiniment, qu'en réalité il ne sert qu'à porter l'oxygène de l'air sur l'acide sulfureux, et qu'avec une certaine quantité de cet acide on doit former une proportion indéfinie d'acide sulfurique. La pratique justifie la théorie; on ne peut pas toutefois empêcher des pertes notables de composés nitreux, de telle sorte que l'on perd 2 à 3 parties d'acide nitrique pour 100 parties de soufre.

Ces réactions s'exécutent dans de vastes chambres dont les parois sont en plomb, parce que l'acide sulfurique attaque le bois, la pierre et les métaux plus communs. On obtient sur le sol de ces chambres un acide impur assez chargé d'eau que l'on purifie et que l'on concentre en le soumettant à l'action de la chaleur dans des alambics en platine.

L'eau distille, et il reste dans ces appareils un liquide oléagineux dont la densité est près du double de celle de l'eau, c'est ce dernier qui constitue l'acide sulfurique sensiblement pur.

L'acide brut est employé dans certaines industries, telles que la fabrication du sulfate de fer, du sulfate d'ammoniaque, l'affinage des métaux précieux, la préparation des bougies stéariques, etc.

Ce n'est que depuis un demi-siècle environ qu'on fait usage de vases de platine pour la concentration de l'acide sulfurique. Cette opération s'exécutait autrefois dans de grandes cornues de verre d'une capacité de 50 à 80 litres, lutées à l'argile qu'on disposait au nombre de 100 environ, sur un fourneau de galère. Les soubresauts nombreux qui se manifestent dans la distillation de ce produit amenant la rupture des vases, on avait à redouter tout à la fois des pertes de produit et des accidents toujours fort graves.

Nous ne vous parlerons que très-sommairement de ce composé, remarquable à deux points de vue principaux, son acidité d'une part, son avidité pour l'eau de l'autre.

A l'état de pureté, c'est un liquide incolore et dépourvu d'odeur, dont la consistance rappelle celle d'une huile grasse, de là le nom d'huile de vitriol, sous lequel on le désignait autrefois. A la température ordinaire, il n'émet aucune vapeur même dans le vide. Son point d'ébullition assez élevé, 325°, permet de l'employer pour chasser de leurs combinaisons salines un grand nombre d'acides dont la température d'ébullition est beaucoup plus basse, et particulièrement les acides azotique et acétique.

Bien différent de l'acide sulfureux, qui résiste aux températures les plus élevées, l'acide sulfurique se détruit au rouge en donnant un mélange d'un volume d'oxygène et de deux volumes d'acide sulfureux.

Cet acide, l'un des plus énergiques que nous connaissions, fait passer la teinture du tournesol au rouge clair, même lorsqu'il est étendu d'une grande quantité d'eau. Caustique violent, il désorganise rapidement les membranes avec lesquelles on le met en contact, ce qui en fait un poison dont les effets sont difficiles à combattre.

Cet acide, qu'on désigne sous le nom d'acide sulfurique au maximum de concentration, et qu'on peut considérer dans la théorie de Lavoisier comme résultant de la combinaison d'une molécule d'acide sulfurique et d'une molécule d'eau, possède à l'égard de ce liquide une affinité des plus grandes qu'on utilise fréquemment dans les laboratoires pour dessécher les gaz. A cet effet, on introduit dans un tube en U qu'on interpose entre le générateur du gaz et les flacons dans lesquels on se propose de les recevoir, des petits fragments de pierre-ponce imbibés d'acide sulfurique concentré.

On peut constater l'affinité de cet acide pour l'eau de la manière la plus simple en versant par petites portions de l'acide sulfurique concentré dans une masse limitée de ce liquide. La température s'élève progressivement et peut atteindre 105° à 110° lorsqu'on emploie 500 grammes d'acide pour 125 grammes d'eau. Ce mélange doit être fait avec précaution afin d'éviter une élévation trop brusque de température qui pourrait amener la rupture du vase. Il faut avoir soin de verser l'acide dans l'eau sous forme de filet mince, et remuer la liqueur après chaque addition. Si l'on opérait inversement, la chaleur dégagée à l'endroit même où l'eau se trouve en présence d'un excès d'acide, pourrait déterminer des projections toujours dangereuses pour l'opérateur par suite d'une production subite de vapeur.

Dans son contact avec de la neige, l'acide sulfurique peut développer de la chaleur ou produire du froid, suivant les proportions des matières employées. Fait-on agir 4 parties d'acide sur 1 partie de neige, l'action chimique prédominant, on obtient une élévation de température qui peut atteindre 90°. Emploie-t-on des proportions inverses, c'est-à-dire 4 parties de neige pour 1 d'acide, on observe une production de froid, l'absorption de chaleur déterminée par la fusion de la glace l'emportant ici sur le phénomène chimique résultant de la combinaison de l'acide sulfurique avec l'eau. L'abaissement de température dans cette expérience peut atteindre environ — 20°.

La grande affinité de l'acide sulfurique pour l'eau permet d'expliquer la coloration brune que prend un fragment de bois, une allumette, par exemple, dès qu'il se trouve en contact avec lui. On comprend également pourquoi l'acide sulfurique qu'on expose à l'air noircit, l'atmosphère renfermant en suspension des poussières organiques que cet acide carbonise.

La combinaison de l'acide sulfurique avec l'eau présente un volume plus petit que la somme des volumes de ces deux liquides employés à sa formation, ces différents volumes étant mesurés à la même température. Le maximum de contraction a lieu lorsqu'on ajoute à 79,1 p. d'acide sulfurique 20,1 p. d'eau.

Si l'on ajoute à l'acide au maximum de concentration une quantité d'eau égale à celle qu'il renferme, il donne une combinaison parfaitement définie, qu'il suffit de maintenir à une température voisine de 0° pour la faire cristalliser en prismes hexagonaux incolores qui atteignent quelquefois un volume assez considérable.

L'acide sulfurique se rencontre dans la nature en quantités considérables à l'état de combinaison avec différentes bases, sulfates de chaux, de baryte, de strontiane, de fer, etc. On le trouve également à l'état de liberté dans certaines sources de l'Amérique, qui en contiennent des quantités suffisantes pour manifester des réactions acides prononcées.

Les eaux du Rio-Vinagre, torrent originaire du volcan de Puracé dans les Andes, contiennent, suivant MM. de Humboldt et Boussingault, $\frac{11}{1000}$ de leur poids d'acide sulfurique libre. Les belles cascades de Genoi, près du cratère de Pasto, en renferment également des quantités notables. M. Landerer a pareillement constaté la présence de l'acide sulfurique libre dans l'eau de la mer qui baigne les îles volcaniques de l'archipel grec, et notamment celle de Santorin.

L'acide sulfurique a des usages nombreux; il n'est presque pas d'industrie chimique qui n'en consomme des quantités plus ou moins considérables. Il sert à fabriquer le sulfate de soude, les aluns, les sulfates de fer et de cuivre. On l'emploie pour la préparation d'un grand nombre d'acides, tels que les acides chlorhydrique, acétique, stéarique, et par suite il joue un rôle important dans la fabrication des bougies. On s'en sert pour préparer un grand nombre d'éthers, pour la purification des huiles grasses, pour opérer la dissolution de l'indigo, etc. Vous comprendrez du reste quelle est l'importance de ce produit, lorsque je vous dirai que la France à elle seule en produit annuellement environ 70 millions de kilogrammes.

On connaît également l'acide sulfurique à l'état anhydre, mais, sous cette forme, il n'est utilisé que pour des recherches de laboratoire.

Il n'en est pas de même d'une autre variété d'acide connue sous le nom d'acide de Nordhausen, du nom de la petite ville où se trouve établi l'entrepôt de ce produit. C'est une dissolution de l'acide anhydre dans l'acide concentré qu'on emploie presque exclusivement soit à la préparation du carmin d'indigo, soit à la dissolution de cette matière colorante pour la teinture des laines en *bleu de Saxe*.

ACIDE SULFHYDRIQUE.

Le soufre forme avec l'hydrogène une combinaison définie dont la composition est entièrement analogue à celle de l'eau. On la désigne sous le nom d'*acide sulfhydrique*. Ce composé s'obtient facilement en faisant agir un acide hydraté sur un sulfure.

C'est un gaz incolore dont l'odeur fétide rappelle celle des œufs pourris. Ses propriétés acides sont excessivement faibles, aussi ne fait-il passer la teinture de tournesol qu'au rouge vineux.

Il se liquéfie sous une pression de 17 à 18 atmosphères à la température ordinaire. C'est un liquide incolore et très-limpide, qui, soumis à l'action de la température très-basse fournie par le bain d'acide carbonique et d'éther, se solidifie en une masse formée de prismes transparents.

La lumière est sans action sur l'acide sulfhydrique. Une chaleur rouge le décompose; il en est de même d'une série d'étincelles électriques.

C'est un gaz très-délétère qui peut déterminer la mort lorsqu'on le respire même à faibles doses. Son action est d'autant plus énergique sur les animaux soumis à son influence, que chez eux la circulation s'accomplit d'une manière plus rapide. C'est ainsi qu'un oiseau périt dans une atmosphère qui renferme $\frac{1}{1500}$ de ce gaz, tandis qu'il en faut $\frac{1}{800}$ pour un chien et $\frac{1}{200}$ pour un cheval. Des animaux à sang froid résistent au contraire parfaitement bien dans de semblables atmosphères.

C'est à la présence de ce gaz dans les fosses d'aisances qu'il faut rapporter les accidents qui n'arrivent que trop souvent aux malheureux ouvriers chargés d'en opérer la vidange. C'est ce qu'ils appellent *le plomb*.

L'acide sulfhydrique est un gaz éminemment combustible, ce qui se conçoit facilement en raison de la grande combustibilité des éléments qui le constituent.

Introduit-on dans un flacon un mélange d'un volume de gaz sulfhydrique et d'un volume et demi d'oxygène, puis approche-t-on de l'orifice un corps en ignition, une détonation se fait entendre et l'on obtient de l'acide sulfureux et de la vapeur d'eau. L'oxygène est-il en défaut, du soufre se dépose sur les parois du vase.

Il est une circonstance remarquable dans laquelle le gaz sulfhydrique ne fournit par sa combustion, ni soufre, ni gaz sulfureux. On avait remarqué depuis longtemps dans les établissements d'eau sulfureuse que les toiles qui sont exposées à l'action simultanée de l'acide sulfhydrique et de l'air étaient promptement corrodées par suite d'une formation d'acide sulfurique, qui s'était fixé sur le tissu.

Or, M. Dumas a démontré que lorsqu'on abandonne une étoffe mouillée dans une atmosphère de gaz sulfhydrique et d'oxygène, il est facile d'y démontrer au bout de quelques heures la formation de l'acide sulfurique, qui s'effectue d'autant plus rapidement que la température extérieure est plus élevée.

La substitution d'un corps poreux tel que la pierre ponce à la substance organique, fournit des résultats semblables.

Le chlore, le brome et l'iode opèrent immédiatement la décomposition de l'acide sulfhydrique : du soufre se dépose tandis qu'il se produit des acides chlorhydrique, bromhydrique ou iodhydrique.

L'acide sulfhydrique se dissout en faible proportion dans l'eau. Un litre de ce liquide dissout en effet deux litres et demi d'acide sulfhydrique.

Ce gaz se rencontre en dissolution dans les eaux de certaines sources qu'on utilise en médecine sous le nom d'*eaux sulfureuses*.

L'acide sulfhydrique attaque la plupart des métaux à la température ordinaire et les noircit, ce qui tient à la formation d'*un sulfure*.

Lorsqu'on opère la vidange des fosses d'aisances, le dégagement de ce gaz, qui se répand dans les appartements, altère et noircit les lambris peints, les tableaux, les bronzes, l'argenterie, ainsi que les ustensiles de cuisine.

L'acide sulfhydrique est un réactif précieux pour les chimistes qui s'en servent pour reconnaître les métaux existant dans une dissolution en se fondant sur les colorations de ces différents sulfures.

Indépendamment du corps dont nous venons de vous esquisser l'histoire, et qui, présentant une composition analogue à celle de l'eau, reproduit au point de vue chimique, les traits principaux de cette substance, le soufre forme avec l'hydrogène une seconde combinaison qui retrace de la manière la plus fidèle les propriétés de l'eau oxygénée.

Nous nous bornerons simplement à vous signaler l'existence de ce produit qui n'offrant d'intérêt qu'au point de vue spéculatif ne mérite pas de fixer notre attention.

FIN.

TABLE DES MATIÈRES.

REMIÈRE LEÇON.

AIR ATMOSPHÉRIQUE.

DEUXIÈME LEÇON.

OXYGÈNE ET SES CONGÉNÈRES.

TROISIÈME LEÇON.

THÉORIE DE LA COMBUSTION. — NOMENCLATURE.

QUATRIÈME LEÇON.

AZOTE. SES COMBINAISONS AVEC L'OXYGÈNE.

CINQUIÈME LEÇON.

AMMONIAQUE.

SIXIÈME LEÇON.

EAU. BIOXYDE D'HYDROGÈNE.

SEPTIÈME LEÇON.

HYDROGÈNE.

HUITIÈME LEÇON.

CHARBON.

NEUVIÈME LEÇON.

ACIDE CARBONIQUE. OXYDE DE CARBONE.

DIXIÈME LEÇON.

CARBURES D'HYDROGÈNE. GAZ DE L'ÉCLAIRAGE.

ONZIÈME LEÇON.

DES AÉROSTATS. DE LA FLAMME.

DOUZIÈME LEÇON.

SOUFRE. ACIDE SULFUREUX. ACIDE SULFURIQUE. ACIDE SULFHYDRIQUE.

FIN DE LA TABLE.

10184. — IMPRIMERIE GÉNÉRALE DE CH. LAHURE
Rue de Fleurus, 9, à Paris

www.ingramcontent.com/pod-product-compliance
Lightning Source LLC
LaVergne TN
LVHW020532230826
846091LV00002B/249

* 9 7 8 2 0 1 9 6 8 3 8 2 5 *